新世纪高等医药院校教材

分析化学实验

主　编　祁玉成　王　屹

副主编　刘　坤　滕文锋　甄　攀

　　　　徐德选　杨小凤

中国海洋大学出版社

·青岛·

图书在版编目(CIP)数据

分析化学实验/祁玉成,王屹主编.—青岛:中国海洋大学出版社,2003.7(2019.12 重印)

ISBN978－7－81067－484－3

Ⅰ.分…　Ⅱ.①祁…②王…　Ⅲ.分析化学－化学实验－高等学校－教材　Ⅳ.O652.1

中国版本图书馆 CIP 数据核字(2003)第 058017 号

中国海洋大学出版社出版发行

(青岛市香港东路 23 号　邮政编码:266071)

出版人:王曙光

日照报业印刷有限公司印刷

新华书店经销

*

开本:850mm×1 168mm　1/32　印张:5.25　字数:132 千字

2003 年 7 月第 1 版　2019 年 12 月第 14 次印刷

印数:28 501～31 500　定价:18.00 元

前　言

分析化学是一门实践性很强的学科,实验课在分析化学教学中占有重要的地位。为了配合分析化学理论教学,早在1986年组织编写医学检验专业用《分析化学》理论教材第一版时,各兄弟院校就同时协作编写了《分析化学实验》讲义,1989年又对其进行了修订和补充。该实验讲义虽然未能正式出版,但编者科学严谨的态度和认真求实的作风,依然体现在精当的内容编排和较好的印刷质量中。这本教材不但给教师带来极大的便利,满足了当时的教学急需,同时对提高教学质量也起到至关重要的作用,有些院校至今仍在使用。

十几年过去了,各院校的教学计划和学时都有不同程度的变化,理论教材已多次修订,实验教材也应为适合当前的教学,做出必要的调整。为此,2002年9月在山东威海召开的检验与药学专业用《分析化学》第五版编写筹备会议上,与会代表商定着手编写本实验教材,与理论教材配套使用。

本实验教材的内容汇总了各参编院校近几年所开的分析化学实验,其中有些内容(如容量器皿的校准等)根据新的国家标准作了较大修改。为适合检验和药学两个专业通用,又补充了一些新的实验。分析化学中常用的量和单位也按照国家标准进行了统一。

本教材由祁玉成、王屹主编，参加编写的有：青岛大学祁玉成（第一章，实验十七和十八，附录）、刘坤（第二章第四节，实验十九和二十），张家口医学院甄攀（第二章第一节和第三节，实验二、三和二十三）、郭春燕（实验十五和十六），江苏大学徐德选（第二章第二节，实验四、八、九和十），温州医学院杨小凤（第二章第五节，实验二十一和二十二），大连医科大学滕文锋（第二章第六节，实验一、五和七）、李红岩（实验六），北华大学王春梅（实验十一）、王屹（实验十二、十四和二十四）、丁宁（实验十三）等。全书经主编通读整理，徐葆筠教授、应武林教授审阅。

在书稿讨论中，上海第二医科大学顾国耀教授、方含秋副教授提出了许多宝贵意见，本教材的编写得到了贵阳医学院黄亚励教授的支持，在此表示衷心的感谢。

本教材虽经集体讨论和多次校阅，欠妥之处仍恐难免，希望读者批评指正。

编　者

2003年5月

目　录

基本知识与操作部分

第一章　分析化学实验基本知识

第一节　分析化学实验的任务和要求

分析化学是一门实践性很强的科学。分析化学实验课的任务是:使学生加深对分析化学基本理论的理解,掌握分析化学实验的基本操作技能,提高观察、分析和解决问题的能力,养成严谨、认真和实事求是的科学作风,为学习后继课程和将来从事实际工作打下良好的基础。

实验前,学生应认真预习,领会实验的目的、基本原理、各个主要步骤的作用、测定结果的计算以及注意事项,了解实验中所使用的仪器和操作方法,并写好实验报告中的部分内容,以便实验时及时进行记录。

在实验过程中,学生要严格按实验规范进行操作,要积极思考,仔细观察,学会运用所学的理论知识来解释实验现象。

实验完毕后,学生要认真写好实验报告。实验报告一般包括实验名称、实验日期、实验目的、简单原理、仪器和试剂、测量数据、计算方法、结果和讨论。有些内容,如原理、表格、计算公式等,要求在实验前预习时准备好,其他内容则可在试验过程中以及实验结束后完成。实验报告的繁简取舍,应根据各个实验的具体情况而定,以清楚、简明、整齐为原则。

学生应养成良好的实验习惯。实验数据和计算结果的有效数字的位数应与分析的准确度相适应,不得随意涂改数据,若有错误应划掉重写,不要随便将数据写在草稿纸上。要保持实验室整齐安静和实验台面整洁有序,实验完毕,及时洗涤、收放好仪器。

第二节 分析化学实验的一般知识

一、分析实验用纯水

分析实验中用水较多,用途不同对水的纯度要求也不同。自来水中含有少量离子、有机物、颗粒物和微生物等,只能用于器皿初步洗涤、冷却或水浴等,配制溶液等分析工作则需要用纯水。常用的制备纯水方法有以下几种。

1. 蒸馏法

用蒸馏器蒸馏自来水可以制得蒸馏水。蒸馏器有多种类型,出水量较大的是用铜制成的。采用这种方法得到的蒸馏水仍含有少量杂质,原因是:二氧化碳等一些易挥发性物质也被收集;少量液态水成雾状蒸出,同时会携带出杂质;微量的冷凝管材质成分会带入到蒸馏水中。为了获得更纯净的蒸馏水可采用二次蒸馏。实验室二次蒸馏通常采用硬质玻璃或石英蒸馏器。如果在二次蒸馏时加入适当的试剂也可以抑制某些杂质的挥发。比如,加入碱性高锰酸钾破坏有机物并防止二氧化碳蒸出。用石英制成的亚沸蒸馏器采用红外线加热,在液体不沸腾的条件下蒸馏,可以有效防止沸腾以及液体沿器壁爬行所带来的玷污。

2. 离子交换法

它是利用阴、阳离子交换树脂中的 OH^- 和 H^+ 与水中的杂质离子进行交换,置换出的 OH^- 和 H^+ 结合成水,从而除去杂质以达到纯化水的目的。因此,用此法制备的纯水通常称为“去离子水”。其优点是制备的水量大、成本低,缺点是设备及操作较复杂,需要对树脂进行洗涤、装柱及再生等过程,且不能除去非电解质(如有机物)杂质。

3. 电渗析法

这是在离子交换技术的基础上发展起来的一种方法。它是利用阴、阳离子交换膜选择性透过的原理。阴离子交换膜仅允许阴离子透过，阳离子交换膜仅允许阳离子透过，在外电场作用下，杂质离子迁移，从一室透过交换膜进入到另一室，从而使得一部分水淡化，另一部分水浓缩，收集淡水即为所需要的纯化水。电渗析过程中除去的杂质只是电解质，且对弱电解质去除效率低，优点是仅消耗少量电能，而不像离子交换法那样需要消耗酸碱。

无论用什么方法制备的纯水都不可能绝对不含杂质，只是杂质的含量极少而已。纯水的质量可以通过测定电导率、pH、吸光度以及某些离子（如 Cl^-）等来进行检验。表 1-1 为国家标准 GB6682—92《分析实验室用水规格和实验方法》给出的实验室用水级别及主要指标。

表 1-1　实验室用水的级别及主要指标

项目	一级	二级	三级
pH 范围(25 ℃)	—	—	5.0～7.5
电导率(25 ℃)/$mS\cdot m^{-1}$≤	0.01	0.10	0.50
吸光度(254 nm，1 cm 光程)≤	0.001	0.01	—
蒸发残渣(105 ℃ ±2 ℃)/$mg\cdot L^{-1}$≤	—	1.0	2.0

蒸馏水或去离子水通常能达到三级标准，可以满足一般化学分析的要求。痕量分析或其他特殊项目的分析对水的纯度要求更高，有时需要多次或多种方法联用来制备纯水。

二、化学试剂

化学试剂品种繁多，目前还没有统一的分类方法，通常按用途大致分为一般试剂、基准试剂、高纯试剂、特效试剂、专用试剂、指示剂、生化试剂、临床试剂等。不同的用途对化学试剂的纯度和杂质含量要求也不一样。表 1-2 和表 1-3 列出了一般试剂和主要国产基准试剂的等级及适用范围。

表 1-2　一般试剂规格和包装

级别	中文名称	英文符号	标签颜色	主要用途
一级	优级纯	GR	深绿色	精密分析实验
二级	分析纯	AR	红色	一般分析实验
三级	化学纯	CP	蓝色	一般化学实验
生化试剂	生化试剂、生物染色剂	BR	咖啡色	生物化学实验

表 1-3　主要的国产基准试剂

基准试剂类别(级别)	主要用途
第一基准试剂(滴定分析用)	工作基准试剂的定值
工作基准试剂(滴定分析用)	滴定分析标准溶液的定值
一级 pH 基准试剂	pH 基准试剂的定值和精密 pH 计的校准
pH 基准试剂	pH 计的校准定位

滴定分析中常用的标准溶液,可用工作基准试剂直接配制,但多数情况是选用分析纯试剂配制后,再用工作基准试剂进行标定。化学分析中所用的其他试剂一般也要求分析纯。仪器分析通常使用优级纯或专用试剂,测定微量或超微量成分时应选用高纯试剂。分析工作者应当做到科学合理地使用化学试剂,既不超规格造成浪费,又不随意降低规格而影响分析结果的准确度。

三、定量分析常用器皿

化学分析所用器皿大部分属于玻璃制品。玻璃器皿按性能可分为能加热的(如各类烧杯、烧瓶、试管等)和不宜加热的(如试剂瓶、容量瓶、量筒等);按用途可分为容器类(如烧杯、试剂瓶等)、量器类(如吸量管、容量瓶等)和特殊用途类(如干燥器、漏斗等)。这里简要介绍几种常用器皿(不包括量器,量器在第二章将详细讨论)和用途。

1．干燥器

干燥器主要用来存放装有被称物的称量瓶和坩埚等，可保持固态、液态物品的干燥。干燥器盖上带有磨口旋塞的真空干燥器可供抽真空干燥样品时使用。见图 1-1。使用时应沿着边口均匀涂抹一层凡士林，以免漏气。

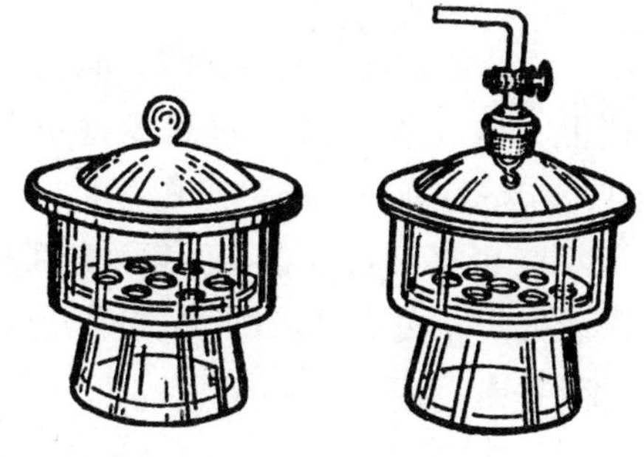
图 1-1　干燥器和真空干燥器

干燥器的底部装有干燥剂，干燥剂上面有一带孔白瓷板，被干燥物品放在白瓷板上。常用的干燥剂有变色硅胶、无水 $CaCl_2$，其他还有 $CaSO_4$，浓 H_2SO_4，P_2O_5等，其中 P_2O_5干燥能力最强。干燥剂失效后应及时再生或更换。

开启干燥器时，用一只手按住干燥器的下半部分，另一只手握住盖子的圆顶，两只手向相反方向用力，将盖子推开，切不可用力向上拔起盖子。打开后，将盖子反放在工作台上。加盖时，也应当拿住盖上圆顶，推着盖好。搬动或挪动干燥器时，应该用两手的拇指同时按住盖子，防止滑落打破。见图 1-2、图 1-3。

图 1-2　开启干燥器的操作

图 1-3　搬动干燥器的操作

2．称量瓶

称量瓶主要在称量试剂和样品时使用。称量瓶有高型和扁型之分，有10～70 mL 多种规格。见图 1-4。称量瓶不能用火直接加热，瓶盖不能互换。称量时手不可直接接触，应戴手套或用纸带拿取。

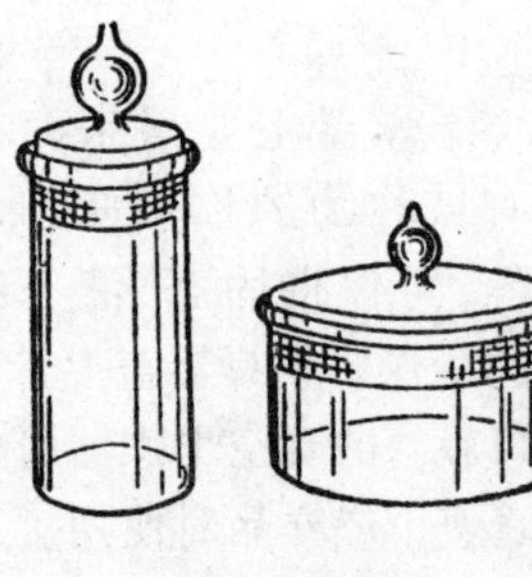

图 1-4　称量瓶

3．坩埚

坩埚有瓷制和金属制多个品种。见图 1-5。瓷坩埚最为常用，能耐1 200 ℃的高温，可用于重量分析中沉淀的灼烧和称量。湿坩埚或放有湿样品的坩埚，灼烧前，应先将其慢慢烘干，逐渐升温，急火容易使其爆裂。

图 1-5　坩埚

4．研钵

研钵（见图 1-6）主要用于粉碎少量固体试剂或试样，材质有玻璃、瓷和玛瑙等 3 种。玻璃和瓷制研钵最常用。玛瑙研钵硬度很大，且不易与被研物品发生化学反应，可用于破碎高硬度试样及对分析结果有较高要求的试样。研钵使用时不可用力敲击，不可加热。

图 1-6　研钵

5．玻璃砂芯滤器

玻璃砂芯滤器的滤板是用玻璃粉末在高温下熔结而成的，有漏斗式和坩埚式两种，如图 1-7 所示。按照微孔的孔径，由大至小以前分为六级：G_1～G_6（或称 1 号至 6 号）。从 1990 年起，国家标准（GB11415—89）规定，以每级孔径的上限值前置以字母“P”表示。例如，P16 号滤器孔径为 10 μm～16 μm。在定量分析中，常用 P40(相当于 G_3)和 P16(相当于 G_4)滤器。玻璃砂芯漏斗常与吸滤瓶配套进行减压过滤。玻璃砂芯坩埚可进行物质的过滤、干燥、称量联合操作,多用于处理一些不稳定的或不能用滤纸过滤的试剂和沉淀。微孔玻璃滤器不能过滤强碱性溶液,因强碱性溶液会损坏玻璃微孔。

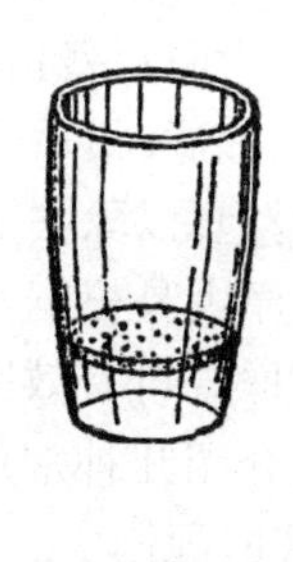

图 1-7 玻璃砂芯漏斗和玻璃砂芯坩埚

6. 比色管

比色管(见图 1-8)主要用于目视比色法(比较溶液颜色的深浅)进行简易快速的定量分析。使用时,不可加热。比色管上有标明容量的刻度线。在要求不很精确时,也用于光度分析来代替小容量瓶配制溶液。

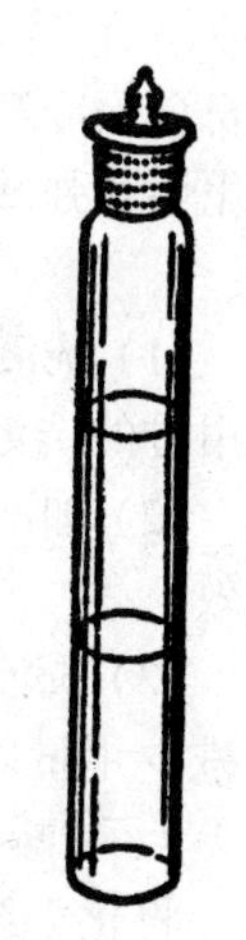

图 1-8 比色管

四、玻璃器皿的洗涤

分析化学实验中所用的玻璃器皿洗涤后应透明洁净,其内外壁能被水均匀地润湿,且不挂水珠。

一般器皿,如烧杯、锥形瓶、量筒、试剂瓶等可以用毛刷蘸取去污粉或洗涤剂刷洗,再用自来水冲洗干净,然后用少量纯水润洗 3 次。

具有精确刻度的器皿,如滴定管、移液管、容量瓶等,不宜用刷子摩擦其内壁,可先用普通洗涤液(如肥皂水等)浸泡,用自来水冲洗干净后,再用纯水润洗3次。如果仍未洗净,应沥去水分再用铬酸洗液浸泡。

光度分析用的比色皿,容易被有色溶液和有机试剂染色,通常将其放入盐酸-乙醇洗涤液中浸泡后,再用水冲洗。

玻璃微孔砂芯滤器不宜用洗衣粉及强碱洗涤液洗涤,可用酸洗、水洗。使用后为防止残留物堵塞微孔,应及时选用能溶解该物质的洗涤液浸泡,抽滤,最后再用水洗净。例如,过滤 $KMnO_4$ 溶液后,可用稀盐酸浸泡,以除去 MnO_2。

洗涤的基本原则是根据污物及器皿本身的性质,有针对性地选用洗涤剂。这样既可有效除去污物和干扰离子,又不至于腐蚀器皿材料。下面介绍几种常用的洗涤液配制及使用方法。

1. 铬酸洗液的配制

称取10 g工业用 $K_2Cr_2O_7$ 固体置于烧杯中,加20 mL水,微热溶解后,冷却,在搅拌下慢慢倒入200 mL工业用浓 H_2SO_4(注意安全),冷却后转入细口试剂瓶中,盖好瓶塞。铬酸洗液具有强氧化性和强酸性,适用于洗去无机物和某些有机物。使用时应注意:

(1) 洗液可以反复使用直至其氧化剂消耗完(洗液变绿),因此用过的洗液应倒回原试剂瓶,盖好瓶塞。

(2) 加洗液前应尽量除去仪器内的存水,以免稀释洗液,使其失效。

(3) 洗液腐蚀性很强,且六价铬有毒。使用时应注意安全,尽量减少用量以保护环境。

2. 盐酸-乙醇洗液

将化学纯的盐酸和乙醇按1:2的体积比混合。主要用于洗涤被染色的吸收池、比色管、吸量管、指示剂的试剂瓶等。

3. 氢氧化钠-乙醇洗液

将120 g NaOH溶于150 mL水中,用95%乙醇稀释至1 L,

贮存在塑料瓶中，盖紧瓶盖。可用于洗去油污及某些有机物。在用它洗涤精密玻璃量器时，要注意它对玻璃的腐蚀性。

4. 混酸洗液

工业用盐酸和硝酸按 1∶1 或 1∶2 的体积比混合而成。可用于除去微量的金属离子，如 Hg，Pb 等重金属杂质。方法是将洗过的器皿浸泡于混酸中，24 小时后取出。

五、实验室安全知识

在分析化学实验中，经常会使用易燃、易爆、有毒的化学试剂，大量接触和使用易破碎的玻璃仪器、精密仪器和煤气、水、电等，所以，进入实验室必须遵守实验室的安全规则。

1. 实验室内严禁饮食、吸烟，切勿用实验器具作为餐具。实验结束后应洗手。

2. 切不可用湿润的手去开启电源。水、电使用完毕后，应立即关闭。离开实验室时，应检查水、电、门、窗是否均已关好。

3. 浓酸、浓碱具有强烈的腐蚀性，切勿溅在皮肤和衣服上。使用浓 HNO_3，HCl，H_2SO_4，$HClO_4$，氨水时，均应在通风橱中操作。热、浓的 $HClO_4$ 与有机物作用易发生爆炸，使用时，应特别谨慎小心。

4. 使用苯，乙醚，丙酮，CCl_4，$CHCl_3$ 等易燃或有毒的有机溶剂时应远离明火或热源。低沸点的有机溶剂不能直接用明火加热，而应采用水浴加热。

5. 使用汞盐、砷化物、氰化物等剧毒试剂时应特别小心。氰化物与酸作用会放出剧毒的 HCN！切勿将氰化物倒入酸性废液中。

6. 实验室如发生火灾，应根据起火原因进行针对性灭火。酒精及其他可溶于水的液体着火时，可用水灭火；汽油、乙醚等有机溶剂着火时，应用沙土扑灭，用水反而会扩大燃烧面；导线或电器着火时，不能用水及二氧化碳灭火器，而应切断电源，用四氯化碳灭火器灭火。

第二章　分析仪器及基本操作

第一节　分析天平

一、分析天平的种类

分析天平是定量分析中最重要的仪器之一。常用的分析天平有全机械加码电光天平、半机械加码电光天平、单盘减码电光天平、微量天平和电子天平等。表 2-1 列出了常用分析天平的型号及规格。

表 2-1　常用分析天平的型号和规格

天平名称	型号	最大载荷/g	分度值/mg
全机械加码电光天平	TG328A	200	0.1
半机械加码电光天平	TG328B	200	0.1
半机械加码电光天平	TG322B	200	0.1
单盘减码电光天平	TG429-1	100	0.1
微量天平	TG332A	20	0.01
高精度微量天平	TG09-31	30	0.001
电子分析天平	BS110S	220	0.1
电子分析天平	FA1604	160	0.1
电子分析天平	HA-202M	210/42	0.1/0.01

二、双盘电光分析天平的构造

各类电光分析天平构造大同小异，都是根据杠杆原理设计制造的。现以半机械加码电光分析天平为例，对其进行介绍。电光天平是由天平箱、天平梁、天平柱、砝码、机械加码装置和光学读数装置等六大部分组成，外形和构造如图 2-1 所示。

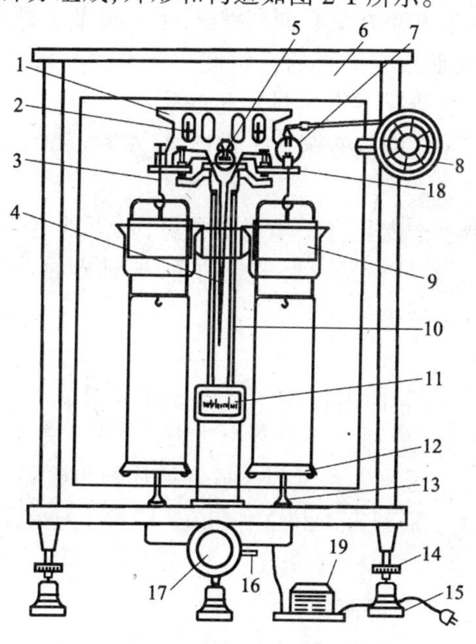

图 2-1　半机械加码电光天平

1. 横梁	2. 平衡螺丝	3. 吊耳	4. 指针
5. 支点刀	6. 天平箱	7. 圈码	8. 指数盘
9. 空气阻尼器	10. 天平柱	11. 投影屏	12. 秤盘
13. 盘托	14. 水平调节螺丝	15. 垫脚	16. 微调零拨杆
17. 升降旋钮	18. 托叶	19. 变压器	

1. 天平梁

天平梁是由铝合金制成的，包括天平横梁、三棱体、平衡调节螺丝、重心调节螺丝、指针等部件。横梁上镶嵌着3个由玛瑙制作的三棱体，称为玛瑙刀。中间的一个为支点刀或中刀，刀口向下。另外两个分别与中刀等距离地安装在横梁的两端，刀口向上，称为边刀或承重刀。刀刃要求锋利，其质量直接影响天平的计量性能，使用时应特别注意保护。

天平梁的上方装有重心调节螺丝，上下调节该螺丝，可以改变天平的重心，从而改变天平的灵敏度。天平的灵敏度在检定时已调好，所以，一般情况下不宜调节重心螺丝。

天平梁的左右两端有两个平衡螺丝，左右调节平衡螺丝，可以粗调天平的零点。

梁的正中有一支垂直于横梁的指针，其下端有一个透明的小标尺，称为微分刻度标尺。天平启动后，通过光学系统，将标尺放大后投影在投影屏上。

2．悬挂系统

悬挂系统由吊耳、阻尼器和秤盘等部件组成。左右两个吊耳上嵌有玛瑙平板，分别悬挂在两个边刀上，吊耳的上钩挂有秤盘，下钩挂有空气阻尼器。秤盘用来放置被称物和砝码。两个吊耳和两个秤盘上都分别刻有1和2作标记，秤盘1挂在天平梁的左臂上，秤盘2挂在天平梁的右臂上。

3．天平柱和升降旋钮

此部分包括天平座、空气阻尼器、托叶、升降旋钮、升降机件和气泡水平仪等6个部件。

天平柱是用金属制作的空心圆柱，下端固定在天平的底座中央，支撑着天平梁。天平柱的上端装有一个玛瑙平板，是天平梁支点刀的刀承。在天平柱的后上方装有一个气泡水平仪，可借助天平箱底的调节螺丝，使气泡处于水平仪的正中央，此时天平处于水平状态。天平柱上装有托叶，当天平处于休止状态时，托叶将天平梁托起，使刀口与刀承脱离。空气阻尼器由两个铝制的金属圆筒构成。外筒固定在天平柱上。内筒直径略小于外筒,悬挂于吊耳上,悬扣在外筒内。两筒间有间隙,没有摩擦。当天平启动时,内筒能随着天平梁的摆动而自由地上、下移动,由于筒内空气的阻力作用,使天平梁能较快地停止摆动而达到平衡。天平的启动和关闭,是通过安装在天平柱下方天平箱外的一个升降旋钮完成的。升降旋钮拉杆不但通过天平柱空心孔与托叶连接,而且还与安装在天平底板上的盘托和光源相连。旋转升降旋钮开启天平时,托叶、天平梁、吊耳和盘托同时下降,刀口落在刀承上,天平梁能自由摆动,同时接通电源。旋转升降旋钮关闭天平时,天平梁被托叶托起,不能自由摆动,同时盘托上升,将秤盘托住,并切断电源。

4. 天平箱

此部分包括天平箱、天平底座、天平脚、脚垫等部件。为了防止灰尘,以及湿度、温度的变化和空气流动对称量的影响,天平装在镶有玻璃的天平箱内。天平左、右、前方各有一门,左右两个侧门是供称量时加减砝码、取放药品用的,前门是供安装和修理时用的,平时不可打开。天平底座下面有 3 个脚,脚下均有脚垫。前面两只脚装有调节螺丝,可用于调节天平的水平位置。

5. 砝码和机械加码

每台分析天平都附有一盒砝码。每盒装有 9 个砝码,砝码的质量分别为 100, 50, 20, 20, 10, 5, 2, 2, 1 g。标示值相同的砝码,其实际质量可能会有微小的差异,所以通常会刻有“*”等标志,以示区别。砝码盒内还有一把镊子,用于夹取砝码,切不可用手直接去拿砝码,以免玷污或锈蚀。

半机械加码电光天平将 10 mg 以上 1 g 以下的砝码制成环码(圈形砝码),通过指数转盘带动操纵杆将环码加上或取下。如果圈码指数盘安装在天平箱的左侧(如 TG322B 半机械加码电光天平),外圈共计 90 mg,内圈共计 900 mg,总计 990 mg,如图 2-2A

所示;如果圈码指数盘安装在天平箱的右侧(如 TG328B 半机械加码电光天平),外圈共计 900 mg,内圈共计 90 mg,总计 990 mg。见图 2-2B。转动指数盘外圈可操纵外圈圈码,转动指数盘内圈则操纵内圈圈码。

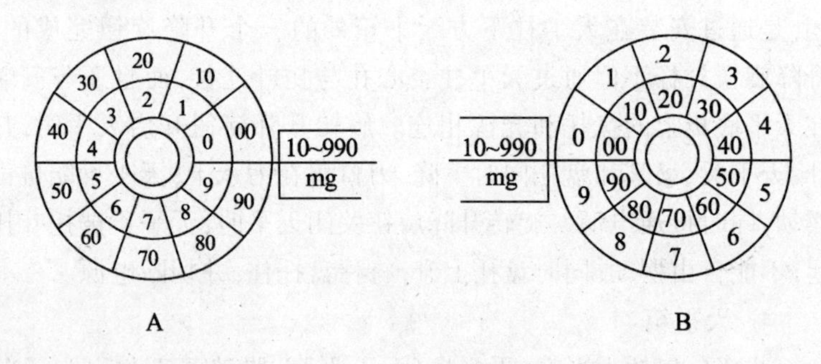

图 2-2　圈码指数盘

6. 光学读数系统

天平的光学系统包括光源、聚光镜、透镜、反射镜和投影屏,如图 2-3。

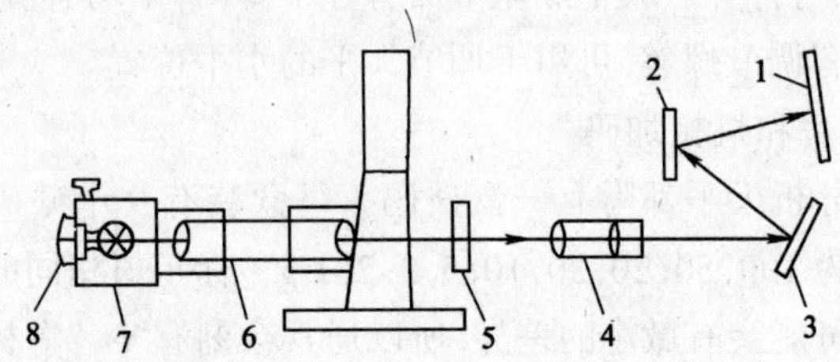

图 2-3　电光天平光学读数系统示意图

1. 投影屏	2. 大反光镜	3. 小反光镜	4. 物镜筒
5. 标尺	6. 聚光管	7. 照明筒	8. 灯座

天平梁下端的微分刻度标尺,只有通过光学系统放大后投影在投影屏上才能看清。标尺上刻有 20 个大格(或 10 个大格),中

间为零，左右各 10 个大格，每大格相当于 1 mg。一大格又分为 10 个小格，每小格相当于 0.1 mg。10 mg以下的质量可直接从标尺上读出来。读数时，要轻轻地将升降旋钮旋转到底，待投影屏上标尺停止移动，与投影屏上标线相重合的刻度，即为应读的数据，如图 2-4，读数为 1.2 mg。

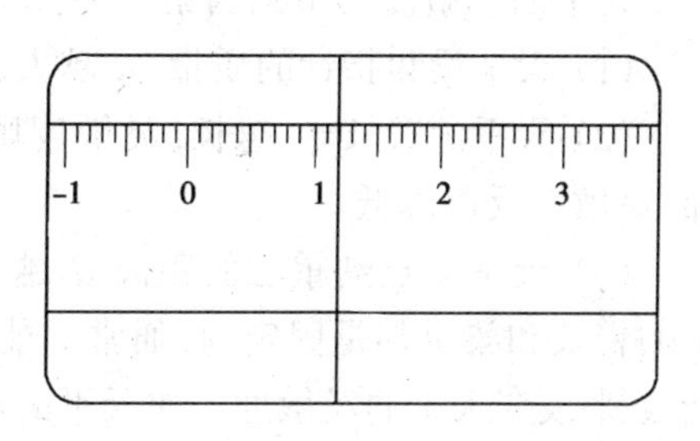

图 2-4　标尺在投影屏上的读数

全机械加码双盘电光天平与半机械加码双盘电光天平的区别有二：① 所有砝码全由指数盘操纵。② 所有砝码指数盘均安装在天平的左侧，称量时，试样放在天平的右侧秤盘上。

电光分析天平简化了加减砝码的操作，读数方便，称量较快。电光分析天平一般可准确称量至 0.1 mg，因此，这类天平称为“万分之一”分析天平。电光分析天平的最大载荷为 100 g 或 200 g。

三、天平的性能

(一) 灵敏度

1. 灵敏度的表示方法

天平的灵敏度(E)通常是指在天平的一个盘上增加 1 mg 质量时，所引起指针偏转的程度，以分度/mg 表示。指针偏转程度越大，天平的灵敏度越高。实际应用中，常以灵敏度的倒数表示天平的灵敏性，灵敏度的倒数称为天平的分度值或感量，用 S 表示，单位为 mg/分度。即

$$E = \frac{L}{md} \qquad S = \frac{1}{E}$$

式中 L 为天平的臂长，m 为天平梁的质量，d 为天平支点到重心的距离。

天平的灵敏度与下列因素有关:

(1) 天平梁和指针的质量 m 越大,天平的灵敏度 E 越低。

(2) 天平的臂长 L 越长,灵敏度则越高;但 L 太长时, m 增加,灵敏度反而降低。

(3) 天平支点到重心的距离 d 越短,灵敏度越高。同一台天平的臂长和梁重都是固定的,通常只能通过改变支点到重心的距离 d 来改变天平的灵敏度。如天平的灵敏度太低,可调高重心螺丝,缩短重心到支点的距离 d;如天平的灵敏度太高,可调低重心螺丝,增大重心到支点的距离。

应该指出,载重时天平的臂略向下垂,以致臂的实际长度减小,同时梁的重心也略向下移,故载重后天平的灵敏度会降低。

此外,天平的灵敏度在很大程度上还取决于3个玛瑙刀及其刀承的质量好坏,刀口越锋利,刀承越平滑,则天平摆动时的摩擦就越小,灵敏度就越高。如果刀口缺损,无论如何移动重心螺丝的位置,也不能显著提高其灵敏度。为此,使用天平时,要特别注意保护玛瑙刀口,勿使其损伤。一定要牢记加减砝码和取放物品时,要先关闭天平(要将升降旋钮旋转到底),使刀口和刀承离开;当天平不使用时,要及时关闭,以减少玛瑙刀的磨损。

2. 灵敏度的测定

电光天平的灵敏度测定方法如下:

(1) 零点调节　电光天平的零点是指天平空载时,投影屏标尺上的“0”刻度与投影屏中间的标线相重合的平衡位置。检查天平已处于水平状态后,天平空载,慢慢启动天平,检查投影屏标尺上的“0”刻度的位置,如“0”刻度与投影屏上标线不重合,可移动升降旋钮下边的微调零拨杆,调整投影屏的位置,使标尺上的“0”刻度与投影屏上的标线重合。如相差较大,则先调节平衡螺丝,再借助拨杆使其重合。

(2) 灵敏度的测定　在天平的放置被称物的秤盘上加一个

10 mg片码或圈码，再启动天平，标尺应移至100±2分度范围内，则分度值为10 mg/100分度=0.1 mg/分度。如果标尺移动的分度数超出100±2的范围，应调节重心螺丝，使灵敏度符合要求。

天平载重时，臂略有变形，灵敏度也会随之有微小的变化，必要时可绘制灵敏度的校正曲线。即分别测定天平空载和载重为5,10,20,30,40,50 g时相应的灵敏度，然后以灵敏度为纵坐标、载重为横坐标，绘制灵敏度校正曲线。

（二）天平的分级

分析天平过去是单纯以分度值分类的，如能称量到0.1 mg或0.2 mg的天平称为"万分之一"天平；能称到0.01 mg的天平称为"十万分之一"天平等。但是分度值与载重是有密切关系的，只考虑分度值不提载重不能全面反映天平的精度。现在，国家计量检定规程(JJG98—90)把天平分成4个准确度级别。属于Ⅰ级和Ⅱ级的机械杠杆式天平，按其最大称量与检定标尺分度值之比，又分为10个小级，如表2-2所示。例如，分析工作中常用的最大称量为200 g，最小分度值为0.1 mg的分析天平和最大称量为20 g，最小分度值为0.01 mg的天平都属于Ⓘ$_3$级。在实验工作中，需根据称量的最大质量和准确度的要求，选用合适级别的天平。

表2-2 天平的分级

准确度级别代号	最大称量与检定标尺分度值之比	准确度级别代号	最大称量与检定标尺分度值之比
Ⓘ$_1$	$1\times10^7\leqslant n$	Ⓘ$_6$	$2\times10^5\leqslant n<5\times10^5$
Ⓘ$_2$	$5\times10^6\leqslant n<1\times10^7$	Ⓘ$_7$	$1\times10^5\leqslant n<2\times10^5$
Ⓘ$_3$	$2\times10^6\leqslant n<5\times10^6$	Ⓘⓘ$_8$	$5\times10^4\leqslant n<1\times10^5$
Ⓘ$_4$	$1\times10^6\leqslant n<2\times10^6$	Ⓘⓘ$_9$	$2\times10^4\leqslant n<5\times10^4$
Ⓘ$_5$	$5\times10^5\leqslant n<1\times10^6$	Ⓘⓘ$_{10}$	$1\times10^4\leqslant n<2\times10^4$

（三）示值变动性

天平的示值变动性是指在不改变天平状态的情况下，多次开、关天平后，天平恢复原来平衡位置的性能，即多次测定一台天平的平衡点或零点时，得到结果的一致性。示值变动性是天平的计量性能的一个重要指标，它表示称量结果的可靠程度。示值变动性与天平梁的重心位置有关，还与温度、气流、震动以及天平梁的调整状态等因素有关。称量时，天平既要有足够的灵敏度，又要有较小的示值变动性（较高的稳定性），才能保证称量的准确度。因此，灵敏度与示值变动性相互矛盾，单纯提高灵敏度是没有意义的。

测定天平示值变动性的方法有多种，这里介绍在称量前后空盘零点变动性的测定方法。

空盘连测零点两次，在两边盘上各加砝码 20 g，开、关天平数次，取下砝码，再测定零点两次，这 4 次零点测定值中最大值与最小值之差即为示值变动值。如测定某天平的零点变动值，4 次测定值分别为 0.1，0.0，0.1，－0.1 mg，则变动值为 $0.1-(-0.1)=0.2$ mg。分析天平允许的变动值一般为 0.1～0.2 mg。

（四）天平的不等臂性

天平的不等臂性是指由于天平梁的两臂长度不相等所引起的系统称量误差。例如，天平的两臂长度分别为 l 和 $l+\Delta l$，两个称盘中的质量分别为 $m+\Delta m$ 和 m，天平达到平衡时，根据杠杆原理有

$$l\cdot(m+\Delta m)\cdot g=(l+\Delta l)\cdot m\cdot g$$

$$l\cdot m+l\cdot\Delta m=l\cdot m+\Delta l\cdot m$$

$$l\cdot\Delta m=\Delta l\cdot m$$

$$\Delta m=\frac{\Delta l\cdot m}{l}$$

Δm 为由于天平不等臂性所引起的称量误差。Δm 与被称物的质量 m 成正比，当天平为最大载荷时，Δm 也达到最大值。因

此，一台天平的不等臂性应指最大载荷时的称量误差。

在实际工作中，通常被称物的质量很小，远远小于最大载荷，所以产生的不等臂性误差可以忽略。并且，分析工作中总是使用同一台天平称量几次，误差也可以相互抵消。

四、称量的一般程序和方法

(一) 称量的一般程序

分析天平为精密仪器，使用时一定要认真细致。称量时按下列程序操作。

1. 一般检查

(1) 取下天平罩，叠好，放在天平的顶部。

(2) 检查秤盘是否干净，是否空载。若秤盘上有污物，用天平箱内的小刷子轻轻扫干净。

(3) 检查天平是否处于水平状态。

(4) 检查所有圈码是否挂好，各部件是否都处于相应的位置。

(5) 检查电源是否接触良好。如发现问题，及时报告指导教师。

2. 零点检查

开启天平，待天平达到平衡后，检查标尺上的“0”刻线是否与投影屏上的标线相重合。若不重合但相差不远，可调节调零拨杆，使之重合；若相差较远，需关闭天平后调节平衡螺丝。

3. 粗称

对初学者来说，为了减少分析天平的磨损和加快称量速度，在用分析天平称量以前，可先用托盘天平(台秤)称出物质的大概质量。操作熟练后，此步骤可省去。

4. 精确称量

将被称物放于分析天平的秤盘上，加上与它的粗称质量相等的砝码，启动天平，通过加减砝码，很快即能达到称量平衡。加减砝码的原则是“由大到小，折半加入”。即增减砝码的质量以已加砝码的质量的一半为准,这样可提高称量速度。例如,加上 20 g 砝码,发现砝码重了,则将 20 g 砝码取出,换上 10 g 的砝码,如果还重,则取下 10 g 砝码,加上 5 g 砝码,如果 5 g 的砝码轻了,那么,准确的质量应在 5~10 g 之间。这样依次调整砝码,直至天平达到平衡。

5. 读数

达到称量平衡后,投影屏上的标尺不再移动。将砝码质量、圈码指数盘上指示的质量和投影屏上标线处指示的质量加在一起,即为被称物的质量。平衡点有时是负值,这时就要从砝码和圈码的质量之和中减去标线指示的读数。仔细核对,切勿计错。

6. 天平复原

称量完毕,取出被称物,将砝码放回原处,圈码指数盘恢复到零,切断电源,罩好天平罩。

(二) 称量方法

1. 直接称量法

用直接称量法称量物品前,必须先校正天平的零点。通过调节平衡螺丝和调零拨杆,使标尺上的“0”刻度正好与投影屏上的标线重合。然后,将被称物(如小烧杯)放在物品秤盘的中央,另一秤盘加砝码,直至达到平衡,此时砝码和标尺所示质量之和即为被称物的质量。直接称量法适用于称量器皿及在空气中性质稳定,不吸湿,无腐蚀性的试样,如金属、矿石等。

2. 定量称量法

定量称量法又称为固定质量称量法。这种方法是取一个器皿(如小烧杯或表面皿),洗净,干燥至恒重。先称量器皿的质量。将该质量与指定试样质量相加得总质量,按需要增加砝码,用角匙向器皿中逐渐添加试样,直到微分标尺上的读数与总质量所要求的读数吻合。最大允许误差为 0.2 mg。添加试样时,要轻弹角匙手柄,让试样缓慢落入器皿。若不慎多加了试样,应先关闭升降旋钮,用角匙取出多余试样。再重复上述操作,直至合乎要求为止。此法用于称量在空气中稳定,不易吸水,且指定了称量质量的试样。

3. 减量称量法

减量称量法又称为差减称量法。这种方法的操作步骤如下。

(1) 取一个称量瓶,洗净,干燥,加入一定量的试样。

(2) 用纸条套住一个称量瓶,放在分析天平的秤盘上,称出此质量 m_1。然后取出该称量瓶,移至一小烧杯的上方,另一只手垫着一片纸捏住瓶盖(注意:手勿直接接触称量瓶,以免手上的汗渍玷污称量瓶),瓶身倾斜,用瓶盖轻敲瓶口的上部,使试样慢慢震落在烧杯内(见图 2-5)。当倾出的试样已接近所需的量时,慢慢将称量瓶直起,同时用瓶盖轻敲瓶口的上部。这些动作都要在烧杯口的正上方完成,使瓶口沾有的试样或者落入烧杯内,或者落回称量瓶内,不可撒落在外面。

(3) 倾出一部分试样后,再将称量瓶放回分析天平的秤盘上(注意盖好瓶盖),称出此时的质量 m_2,则倾出试样的质量为 $m_1 - m_2$。如果一次倾出试样的量少于需要的量,可以重复上述过程。这种方法的优点是可以连续称出多份试样。这种方法适用于称量易吸水、易氧化或易与 CO_2 反应的试样。

图 2-5 减量称量法操作示意图

五、电子天平简介

人们把用电磁力平衡原理称量物体的天平称为电子天平,见图 2-6。其特点是称量准确可靠、显示快速清晰,具有全自动故障诊断系统、简便的内置砝码自动校准装置、动态温度补偿以及超载保护装置等，还具有计数称量、动态称量、百分比称量、净重求和以及单位换算等多种应用程序。如德国塞多利斯 BP 系列电子天平还具有内置 RS232 标准接口，可连接打印机、电脑等，直接得到符合 ISO 国际标准的技术报告。电子天平操作简单，使用方便，只要按一下"校正"键，天平即刻恢复到零，接着便可以进行称量，所称试样的质量直接从显示器上读出来。

电子天平按其精度可分为超微量电子天平、微量天平、半微量天平、常量电子天平等。微量电子天平、半微量电子天平、常量电子天平又统称为电子分析天平，是化学分析实验中常用的电子天平。这些电子天平的最大载荷可为几克、几十克或几百克(一般为 100～200 g)，最小分度值为 0.01～1 mg。

图 2-6　电子天平

目前，销售的电子天平有德国塞多利斯的 BL，BP 和 BS 系列；日本岛津的 AW，AY 和 AX 系列；日本 AND 的 HA，HM 和 HR 系列；瑞士普利塞斯的 XS 电子天平等；瑞士梅特勒的 AT，AG 系列。国产的电子天平有上海天平厂的 FA 系列、MP 系列；上海海康电子仪器厂的 JA 系列；沈阳杰龙仪器有限公司的 ESJ 系列等。

六、使用分析天平时的注意事项

(1) 分析天平应放置在稳定的工作台上，避免振动、气流及阳光照射。

(2) 在使用前调整水平仪气泡至中间位置。电子天平还应按说明书的要求进行预热。

(3) 称量时要特别注意保护玛瑙刀口。开关升降旋钮应缓慢，轻开轻关，不得使天平剧烈振动。取放被称物、加减砝码时，都必须把天平梁托起，以免损坏刀口。

(4) 调整零点或读数时应关好两边侧门。前门不得随意打开，它仅供安装、检修和清洁天平时使用。

(5) 试剂和试样不得直接放在托盘上，必须盛在干净的容器中。吸湿性物质必须放在称量瓶或其他适当的密闭容器中称量。

(6) 取放砝码必须用镊子夹取，严禁用手直接接触，以免玷污。砝码由大到小逐一取放在托盘上，大砝码放盘的中央以防盘的摆动。砝码用后要放回盒内的固定位置，不许乱放或留存桌上。电光天平用指数盘加码时，也应慢慢地旋转，以防圈码跳落、相互搭挂。

(7) 用手拿取被称物时，要垫上纸条或戴上细纱手套，不可直接用手接触被称物，以免影响它的质量。

(8) 称量易挥发和具有腐蚀性的物品时，要盛放在密闭的容器中，以免腐蚀和损坏天平。

(9) 被称物的温度必须与天平箱内温度一致。热或冷的物体应预先放在天平附近的干燥器内，待其温度恒定后再称量。在天平箱内应放置吸湿干燥剂并注意定期更换。

(10) 应使用指定的天平及该天平所附的砝码。绝对不可使天平载重超过核定的最大载荷。

(11) 如果发现天平不正常，应报告教师，不要自行处理。称量完成后，应及时将天平复原，并在天平使用登记本上登记。

第二节 玻璃量器的使用

分析化学实验室中常用的量器有滴定管、容量瓶、移液管、吸量管、量筒和量杯等多种。其中前 3 种量器是定量化学分析中的重要仪器，下面分别予以介绍。

一、滴定管

滴定管是滴定时用于准确测量标准溶液体积的玻璃量器。常用的滴定管一般分为两种，一种是酸式滴定管，另一种是碱式滴定管，如图 2-7 所示。酸式滴定管的下端有玻璃活塞，可盛放酸性溶液和氧化性溶液，不能盛放碱液，因碱性溶液会腐蚀玻璃旋塞，而使其粘合。碱式滴定管下端连接橡皮管，内有一玻璃珠，以控制溶液流出，下面再连一个尖嘴玻璃管。碱式滴定管用来盛装碱性和非氧化性溶液，不能盛放 $KMnO_4$，I_2，$AgNO_3$等能与橡胶发生反应的溶液。另外有一种自动滴定管（图 2-8）是将贮液瓶与具塞滴定管通过磨口塞连接在一起的滴定装置，加液方便，还能自动调零点，适用于常规分析中的经常使用同一标准溶液的滴定操作。

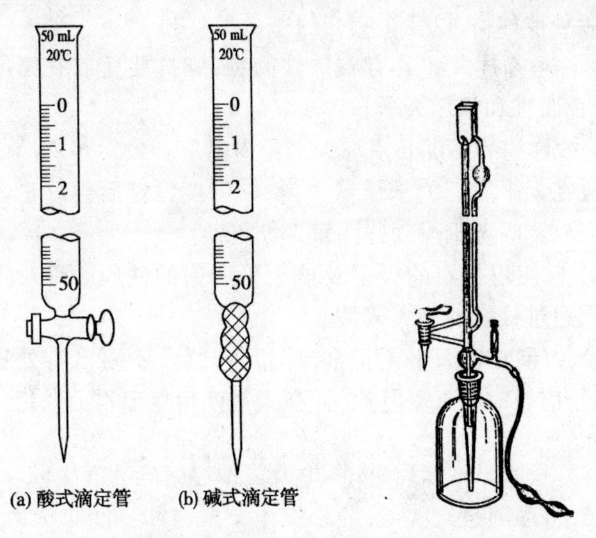

图 2-7　酸碱滴定管　　图 2-8　自动滴定管

滴定管中总容量最小的为 1 mL，最大的为 100 mL，常用的是 50 mL，10 mL 和 25 mL 的滴定管。滴定管的容量精度分为 A 和 B 两个等级。国家规定的常用规格和精度的滴定管容量允差见表2-3。

表 2-3　滴定管的容量允差

标称总容量/mL		2	5	10	25	50
分度值/mL		0.02	0.02	0.05	0.1	0.1
容量允差/mL	A	±0.010	±0.010	±0.025	±0.05	±0.05
	B	±0.020	±0.020	±0.050	±0.10	±0.10

1. 滴定管使用前的准备

酸式滴定管使用前要先在旋塞上涂抹凡士林。方法是取下旋塞,用吸水纸擦干净旋塞与旋塞套,用手指沾少量凡士林在旋塞的两头涂上薄薄一层。在旋塞孔附近应少涂凡士林,以免堵住旋塞孔。把旋塞插入旋塞槽内,向同一方向旋转,直至旋塞与旋塞套接触的地方都呈透明状态,且转动灵活。

然后检查滴定管是否漏水。试漏的办法是将旋塞关闭,将滴定管装满水后垂直架放在滴定管架上,放置 2 分钟,观察管口及旋塞两端是否有水漏出。随后将旋塞转动 180°,再放置 2 分钟,看是否有水渗出。如果漏水,说明活塞不密合,应更换滴定管。为了避免旋塞松动脱落,试漏完毕应用橡皮筋套牢。套橡皮筋时,注意不能让旋塞松动,否则仍会影响密合性,且可能掉到地上摔坏。

碱式滴定管应选择大小合适的玻璃珠和橡皮管,并检查滴定管是否漏水、液滴是否能灵活控制,如不符合要求则应调换大小合适的玻璃珠。

滴定管检查不漏水后,按常用玻璃仪器的洗涤方法进行洗涤。若有油污,可灌满铬酸洗液,静止浸泡一段时间。回收洗液后,再分别用自来水、纯水冲洗干净。因为铬酸洗液会腐蚀乳胶管,碱式滴定管在注入洗液前,应将乳胶管内的玻璃珠向上推至管口,以免乳胶管被浸泡。洗净的滴定管,内壁应完全被水均匀润湿,不挂水珠。

2. 标准溶液(或称滴定剂)的装入

加入标准溶液时,应先用待装溶液润洗滴定管,以除去滴定管内残留的水分,确保标准溶液的浓度不变。为此,先注入标准溶液约10 mL,然后两手平端滴定管,慢慢转动,使溶液流遍全管,打开滴定管的旋塞(或捏挤玻璃珠),使润洗液从下端流出。如此润洗2~3次后,即可装入标准溶液。此时旋塞下的尖管内或橡皮管内常有气泡,应排除。酸式滴定管可转动旋塞,使溶液急速冲下排除气泡;碱式滴定管则可将橡皮管向上弯曲,并用力捏挤玻璃珠所在处,使溶液从尖嘴喷出,即可排除气泡。排除气泡后,补加滴定剂,使之在"0"刻度以上,等1~2分钟后,再调节液面在0.00 mL刻度处,备用。如液面不在0.00 mL处,则应记下初始读数。滴定时最好每次都从0.00 mL开始,或从接近"0"的刻度开始。这样可固定在滴定管某一体积范围内滴定,标定和测定的体积误差可相互抵消。

3. 滴定管的读数

滴定管应垂直地夹在滴定台上。由于附着力和内聚力的作用,滴定管的液面呈弯月形。无色水溶液的弯月面比较清晰,而有色溶液的弯月面清晰程度较差,因此,两种情况的读数方法稍有不同。为了正确读数,应遵守下列原则:

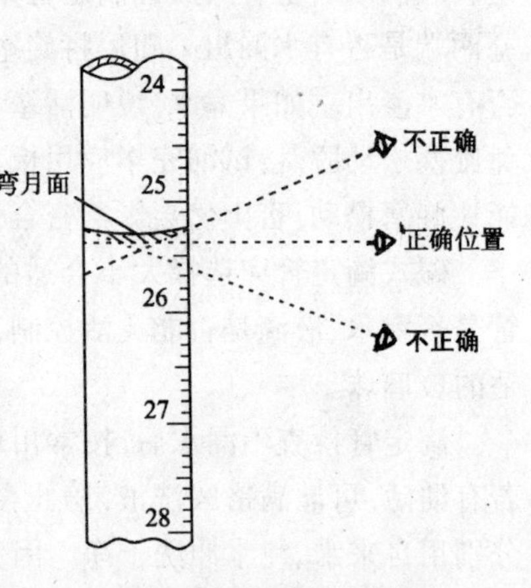

图2-9 滴定管的正确读数法

(1) 读数前滴定管应垂直放置。如果有的滴定管夹不能使滴定管处于垂直状态,可以从滴定管夹上将滴定管取下,一手拿住滴定管上部无刻度处,使滴定管保持自然垂直再读数。

(2) 注入溶液或放出溶液后,应等 1～2 分钟后再读数。

(3) 对于无色溶液或浅色溶液,应读取弯月面下缘实线的最低点,即视线与弯月面下缘实线的最低点应在同一水平面上,如图 2-9 所示。对于有色溶液,如 $KMnO_4$, I_2溶液等,视线应与液面两侧与管内壁相交的最高点相切。

(4) 若使用蓝线衬背的滴定管滴定,无色溶液的读数与上述方法不同。溶液有两个弯月面相交于滴定管蓝线的某一点,读数时视线应与此点在同一水平面上。如为有色溶液,仍应使视线与液面两侧的最高点相切。

(5) 以 mL 为单位,读数必须精确至小数点后两位。如消耗滴定剂的体积恰为 24 mL 处,则应记为 24.00 mL。

为方便初学者读准数据,可使用读数卡。读数卡是一张涂有黑长方形(约 3 cm×1.5 cm)的白纸。读数时,将读数卡放在滴定管背后,使黑色部分在弯月面下约 1 mm 处,此时即可看到弯月面的反射层成为黑色,然后读此黑色弯月面下缘的最低点数值(图 2-10)。

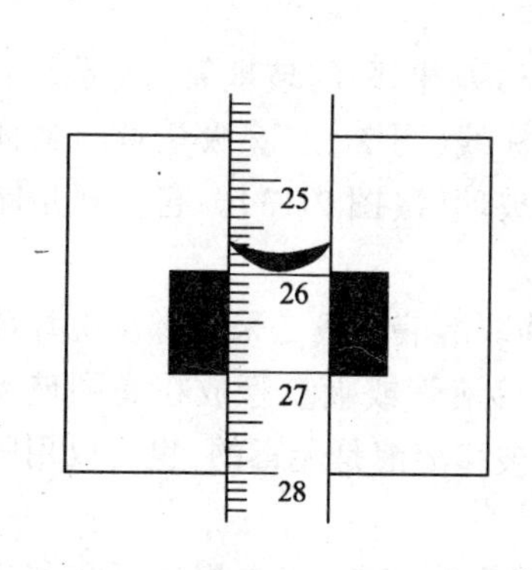

图 2-10　使用黑白读数卡读数

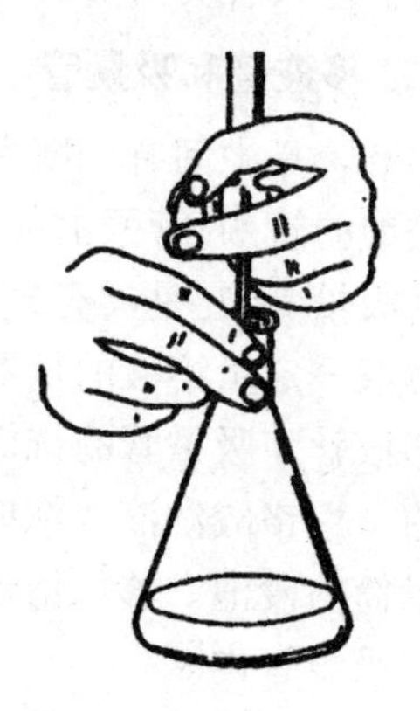

图 2-11　滴定操作

4．滴定操作

滴定最好在锥形瓶中进行，必要时也可在烧杯中进行。

滴定的姿势是用左手放出溶液，右手摇瓶。酸式滴定管的操作如图 2-11 所示。左手无名指和小指弯曲，轻轻靠在管尖的左侧，其他 3 指控制滴定管的旋塞，大拇指在前，食指和中指在后，手心空握。旋转旋塞时，指尖略向内扣，以免旋塞松动，甚至顶出旋塞。

滴定时，滴定管尖嘴要略低于锥形瓶口。用右手握持锥形瓶，边滴边摇动，向同一方向做圆周旋转，不能前后振动，否则会溅出溶液。滴定速度一般为 10 mL/min，即 3～4 滴/s。临近滴定终点时，应一次加入一滴或半滴，并用洗瓶吹入少量水淋洗锥形瓶内壁，使附着的溶液全部落下，然后摇动锥形瓶，如此继续滴定至准确达到终点为止。

使用碱式滴定管时，左手拇指在前，食指在后，捏住橡皮管中的玻璃珠所在部位稍上处，捏挤橡皮管，使其与玻璃珠之间形成一条缝隙，溶液即可流出。但注意不能捏挤玻璃珠下方的橡皮管，否则空气会进入管尖而形成气泡。

二、移液管和吸量管

移液管是中间有一膨大部分（称为球部）的玻璃管，球部上下均为较细的管颈，管颈上部刻有一标线（图 2-12）。吸量管的全称是分度吸量管，它是具有分刻度的玻璃管（图 2-13）。它们都是能准确移取一定量溶液的量器。

移液管和吸量管的洗涤以及移取溶液一般是采用橡皮洗耳球进行的。用铬酸洗液洗涤时，可将移液管或吸量管放在高型玻璃筒或量筒内浸泡。移取溶液时，若被移溶液是无毒的，也可以用嘴将溶液吸至管内。

用水洗涤过的移液管第一次移取溶液前，应先用滤纸将移液管口尖端内外的水吸净，否则会因水滴的引入而改变溶液的浓度。

然后用所移取的溶液再将移液管润洗 2～3 次，确保所移取的标准溶液浓度不变。

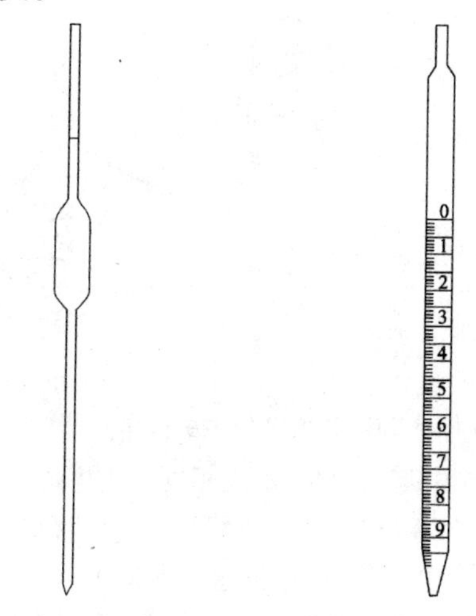

图 2-12　移液管　　　　图 2-13　吸量管

移取溶液时，一般用右手大拇指和中指拿住移液管颈标线上方，把球部下方的尖端插入溶液中。注意不要插得太浅，以防产生空吸，使溶液冲入洗耳球中。左手握洗耳球，先把球内空气压出，然后把球的尖端紧接在移液管上口，慢慢松开左手指，使溶液吸入移液管内。当液面升高到刻度以上时，移去洗耳球，立即用右手的食指按住移液管上口，大拇指和中指拿住移液管标线上方，将移液管提起离开液面，移液管的末端仍靠在盛溶液容器的内壁上，左手拿着盛溶液的容器，稍放松右手食指，不断移动移液管身，使管内液面平稳下降。直到溶液的弯月面与标线相切时，立即用食指压紧管口，取出移液管，插入承接溶液的器皿中，管的末端仍靠在器皿内壁上。此时移液管应保持垂直，将承接的器皿倾斜，使移液管尖接触承接器皿，松开食指，让管内溶液自然地全部沿器壁流下(见图 2-14)。再停靠 15 秒钟后，拿走移液管，残留在移液管末端的溶液，切不可用外力使其流出，因校准移液管时，已考虑了末端保留溶液的体积。

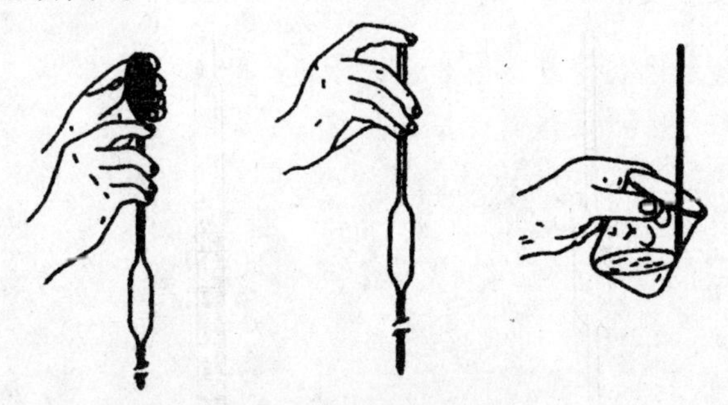

图 2-14　移液管的正确使用

吸量管的使用方法与移液管大致相同，这里只强调以下几点。

① 由于吸量管的容量精度低于移液管，所以在移取 2 mL 以上固定量溶液时，应尽可能使用移液管。

② 使用吸量管时，尽量与其最大容量接近。但分别移取不同体积的同一溶液时，应尽量使用同一支吸量管。

③ 在同一实验中，应尽可能使用同一吸量管的同一部位，而且尽可能使用吸量管的上部。

④ 有一种吸量管，管口上刻有"吹"字，使用时必须在管内的液面降至流液口静止后，随即将最后残留的溶液一次吹出，不许保留。

⑤ 还有一种吸量管，管上刻有"快"字，使用这种吸量管时，若需放尽溶液，操作同移液管，但溶液自然流完后停靠 3～4 秒钟就可移开吸量管。

三、容量瓶

容量瓶是常用的测量容纳液体体积的一种容量器皿。它只能用于配制标准溶液或试样溶液，不得长期存放溶液。若需要长期存放溶液，可将溶液转移到试剂瓶中（根据需要采用无色瓶、棕色瓶或聚氯乙烯塑料瓶），对需避光的溶液应使用棕色容量瓶。热溶液应冷至室温后，才能倒入容量瓶中，再稀释至标线，否则会造成体积误差。

1．容量瓶的准备

容量瓶使用前应检查是否漏水。检查的方法是注入自来水至标线附近，盖好瓶塞，右手拿住瓶底，左手食指压住瓶塞，将瓶倒立，观察瓶塞周围是否有水渗出，如不漏水即可使用。

2．溶液的配制

先在小烧杯中将固体物质溶解，再把溶液定量转移到预先洗净的容量瓶中。如图 2-15 所示，一手拿玻璃棒，并将它伸入瓶中 3～4 cm；一手拿烧杯，烧杯嘴紧靠玻璃棒，慢慢倾斜烧杯，使溶液沿玻璃棒流下。倾倒完溶液后，将烧杯沿玻璃棒直立起来上移 1～2 cm，并将玻璃棒小心放回烧杯中，但不要靠在烧杯嘴上。操作中应避免转移溶液的损失。然后用少量蒸馏水冲洗烧杯及玻璃棒 3～4 次，洗涤液全部转入容量瓶。若溶解试样时，为防止喷溅使用了表面皿，则表面皿朝溶液的一面也应用蒸馏水冲洗几次，洗涤液接入烧杯中，再移入容量瓶。这一操作称为溶液的定量转移。

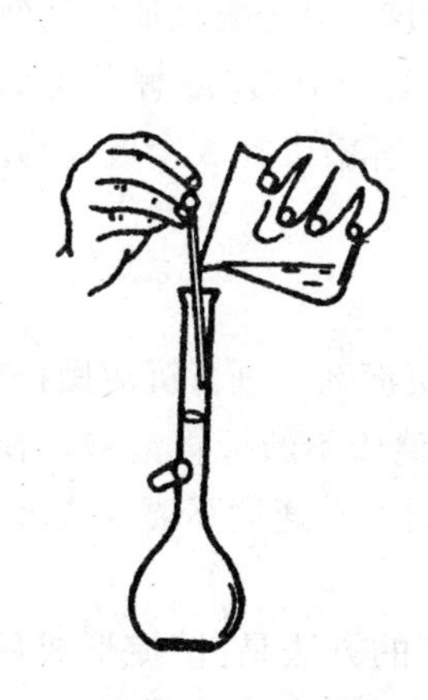

图 2-15　溶液定量转移操作

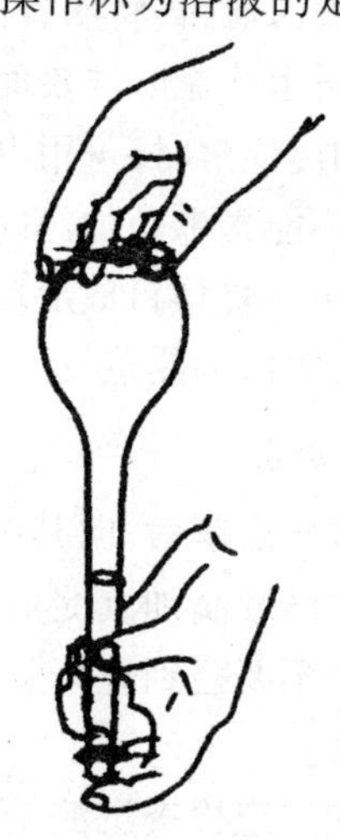

图 2-16　容量瓶中溶液的混匀

当溶液盛至约 3/4 容积时,应将容量瓶摇晃作初步混匀,但切勿倒置容量瓶。最后,继续加水稀释,当接近标线时,应用滴管逐滴加入至弯月面恰好与标线相切,盖好瓶塞,用食指压住瓶塞,另一只手的指尖托住瓶底,倒转过来,使气泡上升到顶(图 2-16)。如此反复几次,使溶液充分混合均匀。这一操作过程称为定容。

第三节 重量分析基本操作

一、试样的溶解

准确称取一定量的试样于一洁净的烧杯中,烧杯口用表面皿盖好,用适宜的溶剂溶解。

溶解时,若无气体产生,可取下表面皿,让溶剂沿紧靠烧杯壁的玻璃棒加入,或沿烧杯壁加入,边加边搅拌,直至试样完全溶解,然后盖上表面皿。溶解时,若有气体产生,应先加少量水润湿试样,盖好表面皿,再将滴管由烧杯嘴伸入烧杯内滴加溶剂。待气泡消失后,再用洗瓶吹洗表面皿底部和烧杯内壁。

需加热促溶时,可用电炉或酒精灯加热,但一般只加热到微热或微沸,不能暴沸。加热时须盖上表面皿。如试样溶解后需加热蒸发时,可在烧杯口放上玻璃三角架或在杯沿上挂 3 个玻璃钩,然后盖上表面皿加热蒸发。

二、沉淀

将试样溶解后,向其中加入合适的沉淀剂。进行沉淀操作时,应一手拿滴管滴加沉淀剂,另一手拿玻璃棒不断搅拌溶液。搅拌时玻璃棒不要碰到烧杯壁和烧杯底,同时搅动速度不要太快,以免溅出溶液。

沉淀后应检查沉淀是否完全。检查的方法是:沉淀形成后静置一段时间,使沉淀沉降,然后,在上清液中再加入少量沉淀剂,观察上清液中有无浑浊现象。若无浑浊现象，说明已沉淀完全；若出现浑浊，需补加沉淀剂，直至上清液中再次检查时无浑浊现象出现。然后盖上表面皿。

沉淀时如果需要加热，一般在水浴或电热板上进行。如果是晶形沉淀，沉淀形成后需要“陈化”，即让沉淀和母液在一起放置一段时间。若是非晶形沉淀，则不需要“陈化”，待适当加热（使沉淀凝聚成大颗粒）后应尽快过滤。

三、过滤和洗涤

1. 用滤纸过滤

(1) 滤纸：滤纸分为定性滤纸和定量滤纸。定量滤纸制备时已经盐酸和氢氟酸处理、蒸馏水洗涤，灰分很少，适用于定量分析；定性滤纸灰分较多，供一般的定性分析和分离使用，不能用于定量分析。

重量分析应选用定量滤纸。滤纸按大小（直径）分为 18，15，12.5，11，9，7 cm 等多种；按孔隙大小分为“快速”、“中速”和“慢速”3 种（见表 2-4）。

表 2-4　国产定量滤纸的类型

类型	色带标志	性能和使用范围
快速	白	纸张组织松软，过滤速度最快，适用于保留粗度沉淀物，如 $Fe(OH)_3$ 等
中速	蓝	纸张组织较紧密，过滤速度适中，适用于保留中等粗度沉淀物，如 $ZnCO_3$ 等
慢速	红	纸张组织最为紧密，过滤速度最慢，适用于保留微细度沉淀物，如 $BaSO_4$ 等

过滤时，应根据沉淀的性质选择不同类型的滤纸。如果是晶形沉淀，如 $BaSO_4$，$CaC_2O_4 \cdot 2H_2O$ 等，应选用“慢速”滤纸；如果是非晶形沉淀，如 $Fe_2O_3 \cdot nH_2O$ 等，则应选择“快速”滤纸。滤纸的大

小应根据沉淀的量来选择，沉淀一般不要超过滤纸圆锥高度的1/3，最多不要超过1/2。

(2) 漏斗：漏斗锥体角度应为60°，颈口处磨成45°，按漏斗颈的长短分，有长颈的和短颈的；按颈的直径分，有细颈的和粗颈的。实验室常用的漏斗直径一般为3～5 mm，颈长为15～20 cm，如图2-17所示。漏斗的大小应与滤纸的大小相适应，使折叠后滤纸的上缘低于漏斗上沿0.5～1 cm，绝不能超出漏斗边缘。

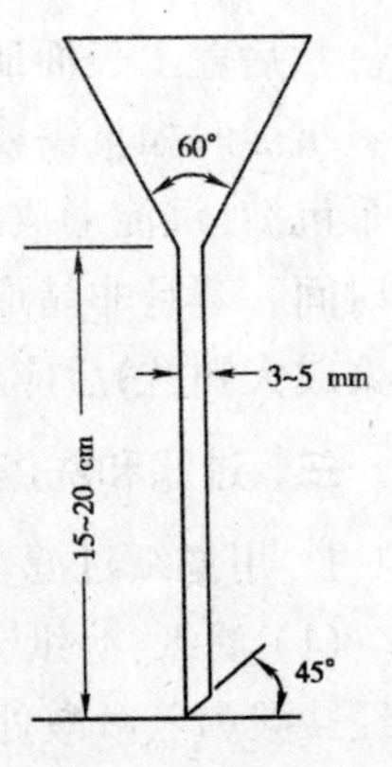

图2-17 漏斗规格

(3) 滤纸的折叠和漏斗的准备：滤纸一般按四折法折叠，即先将滤纸整齐地对折，然后再对折(折叠时，应先将手洗干净，揩干，以免弄脏滤纸)，第二次对折时两角稍错开且不要折死，如图2-18，将其打开后成为顶角稍大于60°的圆锥体，把圆锥体放入洁净而干燥的漏斗中，如果上边缘不十分密合，可以稍稍改变滤纸折叠的角度，直到与漏斗密合为止。用手轻按滤纸，将第二次的折边折死，所得圆锥体的半边为3层，另半边为1层。为了使滤纸与漏斗内壁贴紧而无气泡，常将三层部分的外层滤纸折角处撕下一角，保存于干燥的表面皿上，备用。

将折叠好的滤纸放入漏斗中，用食指按紧三层部分的一边，用洗瓶吹入少量水将滤纸润湿，然后，轻轻按滤纸边缘，使滤纸的锥体上部与漏斗间没有空隙。然后，加水至滤纸边缘，这时漏斗颈内应全部充满水，形成水柱。当漏斗中水全部流尽后，颈内水柱仍能保留且无气泡。

若不形成完整的水柱，可以用手堵住漏斗下口，稍掀起滤纸三层部分的一边，用洗瓶向滤纸与漏斗间的空隙里加水，直到漏斗颈和锥体的大部分被水充满，然后按紧滤纸边，放开堵住出口的手指，此时水柱即可形成。由于水柱下移可起抽滤的作用，因而可以加快过滤速度。

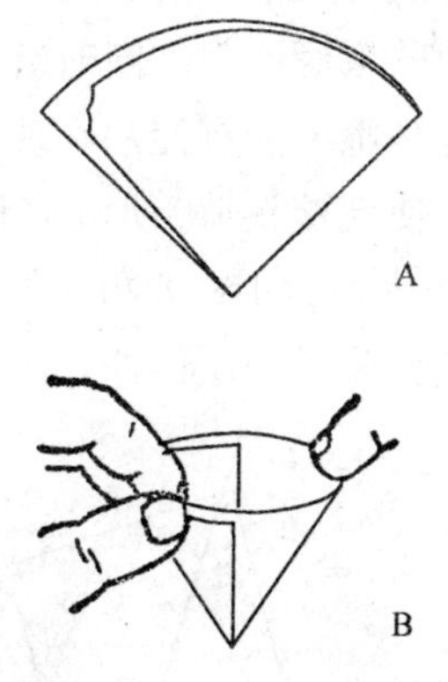

图 2-18　滤纸的折叠方法

最后再用蒸馏水冲洗一次滤纸，然后将准备好的漏斗放在漏斗架上，下面放一洁净的烧杯承接滤液，使漏斗出口长的一边紧靠杯壁，漏斗和烧杯上均盖好表面皿，备用。

(4) 过滤：过滤一般分 3 个阶段进行。第一阶段采用倾泻法，尽可能地过滤清液，如图 2-19 所示；第二阶段是将沉淀转移到漏斗上；第三阶段是清洗烧杯和洗涤漏斗上的沉淀。

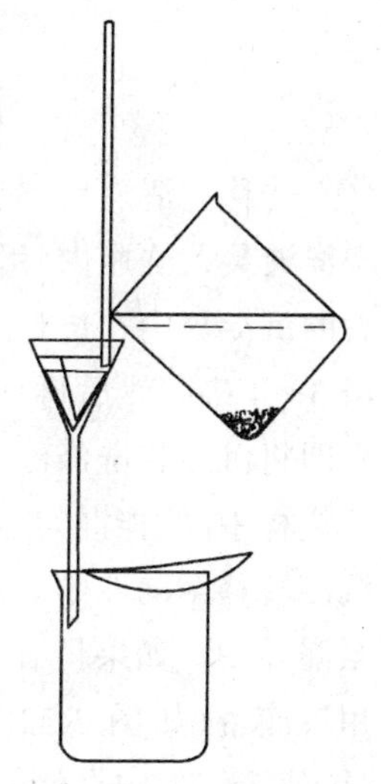

图 2-19　倾泻法过滤

采用倾泻法是为了避免沉淀堵塞滤纸上的孔隙，影响过滤速度。待烧杯中沉淀下降以后，将上清液倾入漏斗中，而不是一开始过滤就将沉淀和溶液搅混后进行过滤。溶液应沿着玻璃棒流入漏斗中，玻璃棒的下端对着滤纸三层部分的一边，并尽可能接近滤纸，但不能接触滤纸。倾入的溶液一般不要超过滤纸的 2/3。

暂停倾泻溶液时,烧杯应沿玻璃棒使其嘴向上提起,至使烧杯直立,以免使烧杯嘴上的液滴流失。同时玻棒放回原烧杯,但不要靠在烧杯嘴上,避免烧杯嘴上的沉淀沾在玻棒上部而损失。

过滤过程中,为了使沉淀沉降,使沉淀和清液分开,烧杯放置时,应在烧杯底下垫一木块,如图 2-20。如一次不能将清液倾注完时,应待烧杯中沉淀沉降后再次倾注。

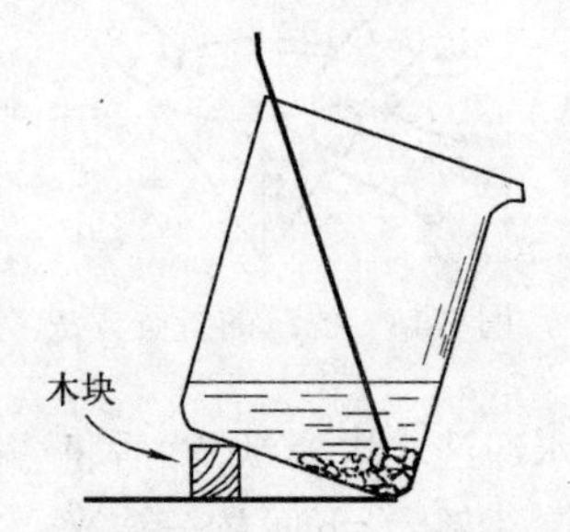

图 2-20　烧杯的放置方法

转移完清液后,应对烧杯中的沉淀进行初步洗涤。洗涤时,将洗涤液装入洗瓶内,用洗瓶吹洗烧杯内壁,每次约 10 mL,使粘附着的沉淀集中在烧杯底部,再用倾泻法将洗涤液过滤,如此重复洗涤 3～4 次。然后再加少量洗涤液于烧杯中,搅动沉淀使之混匀,立即将沉淀和洗涤液经玻璃棒转移至漏斗上。再加入少量洗涤液于烧杯中,搅拌混匀后再转移至漏斗上。如此重复几次,使大部分沉淀转移至漏斗中。然后,按图 2-21 所示的吹洗方法将沉淀吹洗至漏斗中。如果仍有少量沉淀吹洗不下来时,可将烧杯放在桌上,用沉淀帚(如图 2-22,它是一头带橡皮的玻璃棒)在烧杯内壁擦拭,使沉淀集中在烧杯底部。再按上述操作将沉淀吹洗入漏斗,同时洗净沉淀帚。对吹洗不下来的沉淀,也可用前面折叠滤纸时撕下的滤纸片擦拭,将此滤纸片放在漏斗的沉淀上与沉淀一起处理。

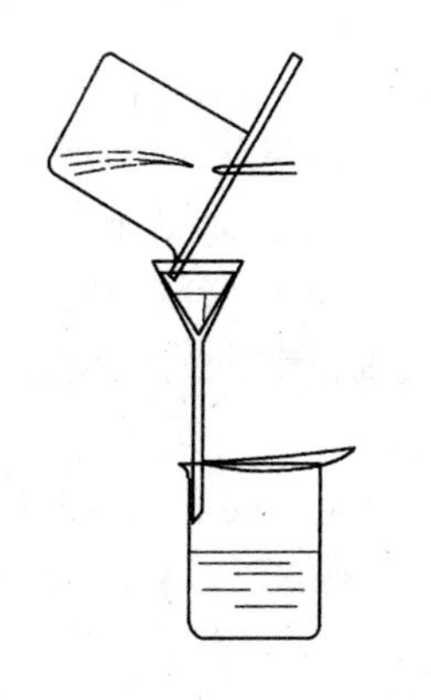

图 2-21　吹洗沉淀的方法

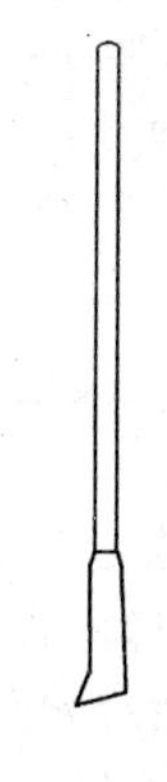

图 2-22　沉淀帚

(5) 沉淀的洗涤：转移到滤纸上的沉淀应进一步洗涤，以除去沉淀表面所吸附的杂质和残留的母液。其方法如图 2-23 所示，从洗瓶挤出的水流从滤纸的三层部分边缘开始，螺旋形地往下移动，这样，可使沉淀洗得干净且可将沉淀集中到滤纸的底部。为了提高洗涤效率，洗涤沉淀时要遵循“少量多次”的原则，即每次洗涤时，用洗涤剂量要少，便于尽快沥干，沥干后，再行洗涤。如此反复多次，直至沉淀洗净为止。

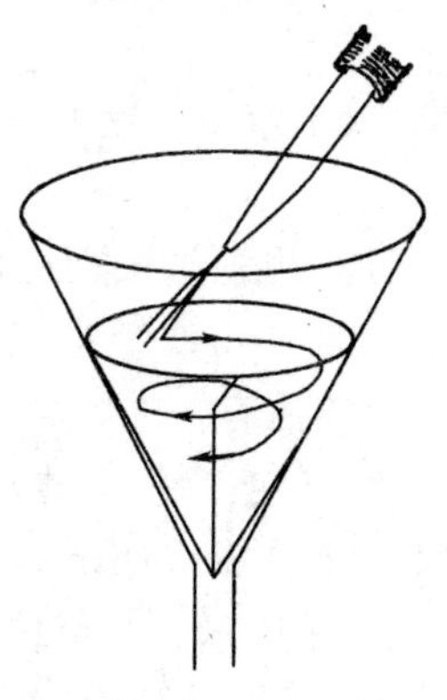

图 2-23　沉淀的洗涤

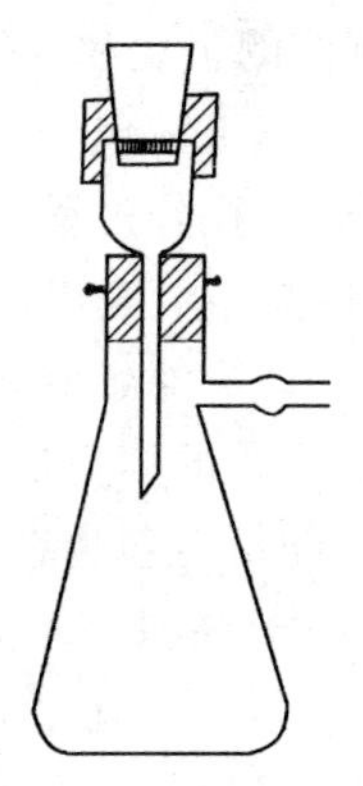

图 2-24　抽滤装置

2. 用微孔玻璃漏斗(或坩埚)过滤

(1) 漏斗(或坩埚)的准备:使用前,先用盐酸(或硝酸)处理,然后用水洗净。洗时应将微孔玻璃漏斗装入抽滤瓶的橡皮垫圈中,抽滤瓶再用橡皮管接于抽水泵上。当用盐酸洗涤时,先注入酸液,然后抽滤。结束抽滤时,应先拔出抽滤瓶上的橡皮管,再关水泵,如图 2-24。

(2) 过滤:将已洗净、烘干且恒重的漏斗或坩埚装入抽滤瓶的橡皮垫圈中,接橡皮管于抽水泵上。在抽滤下,用倾泻法过滤,其操作与用滤纸过滤相同。

四、沉淀的干燥和灼烧

1. 坩埚的准备

灼烧沉淀常用瓷坩埚,使用前须用盐酸等溶剂洗净,晾干或烘干。然后,将坩埚放入马弗炉中,于800 ℃~1 000 ℃灼烧。第一次灼烧约 0.5 小时,取出稍冷却后,转入干燥器中,冷至室温,称量。第二次再灼烧 15~20 分钟,稍冷后,再转入干燥器中,冷至室温再称量。如此灼烧至恒重,即前后连续两次称量之差小于 0.2 mg,即认为达到了恒重。

2. 沉淀的干燥和灼烧

用滤纸将沉淀包好,自漏斗中取出,放于洁净的瓷坩埚中进行干燥和灼烧。操作过程如下:

(1) 自漏斗中取出沉淀:① 晶形沉淀:用顶端细而圆的玻璃棒从漏斗中取出滤纸和沉淀,按图2-25的顺序用滤纸将沉淀包裹好,放入已恒重的瓷坩埚中。如果漏斗上还沾有一些沉淀,用滤纸碎片擦下,与沉淀包裹在一起。② 无定形沉淀:因沉淀体积较大,用上述方法折叠滤纸不合适。应用扁头玻璃棒将滤纸的边缘挑起,向中间折叠,将沉淀全都盖住,如图 2-26 所示。再用玻璃棒将滤纸转移到已恒重的瓷坩埚中。滤纸的三层部分处应朝上,有沉淀的部分向下,以便滤纸的炭化和灰化。

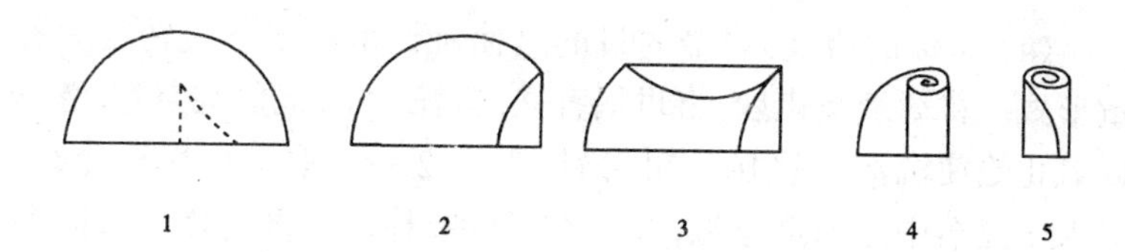

图 2-25　过滤后滤纸的折叠

图 2-26　沉淀的包裹

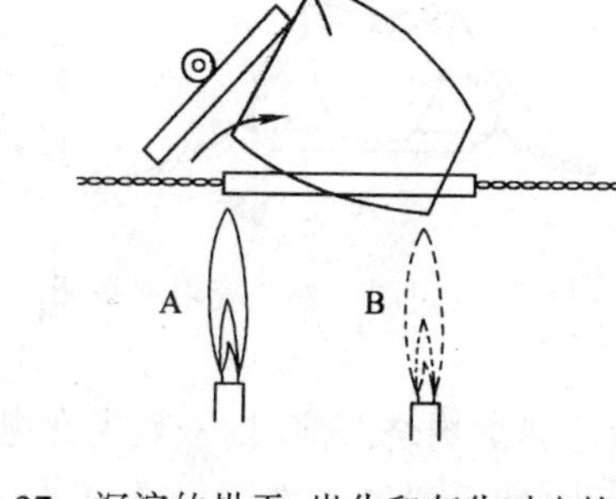

图 2-27　沉淀的烘干、炭化和灰化时火焰的位置
A. 烘干火焰　　B. 炭化和灰化火焰

(2) 沉淀的干燥:将瓷坩埚斜放在泥三角上,以小火烘烤坩埚盖内壁,这时热空气流进入坩埚内部,水蒸气从坩埚上面逸出,使沉淀和滤纸慢慢干燥,如图 2-27A 所示。在干燥过程中,温度不能太高,干燥不能急,否则瓷坩埚与水滴接触易炸裂。

(3) 滤纸的灰化:沉淀干燥后,将煤气灯移至坩埚底部,仍以小火继续加热,使滤纸炭化(滤纸变黑),如图 2-27B。炭化过程中要防止滤纸着火燃烧,以免沉淀微粒逸失。如果滤纸着火,应立即移去灯火,盖好坩埚盖,让火熄灭,切勿用嘴吹熄。滤纸完全炭化后,逐渐升高温度并不断转动坩埚,使滤纸灰化。将炭燃烧成二氧化碳而除去的过程叫灰化。滤纸灰化后,应呈灰白色而不是黑色。

(4) 沉淀的灼烧:灼烧的目的是使沉淀由沉淀形式转变为称量形式。待滤纸灰化后,将坩埚直立,盖好盖子,但留有空隙,继续以氧化焰使沉淀灼烧10~20 分钟,如图 2-28。取下坩埚稍冷却,置入干燥器中冷却至室温,30~45 分钟,称量。再灼烧,冷却,称量,直至恒重。

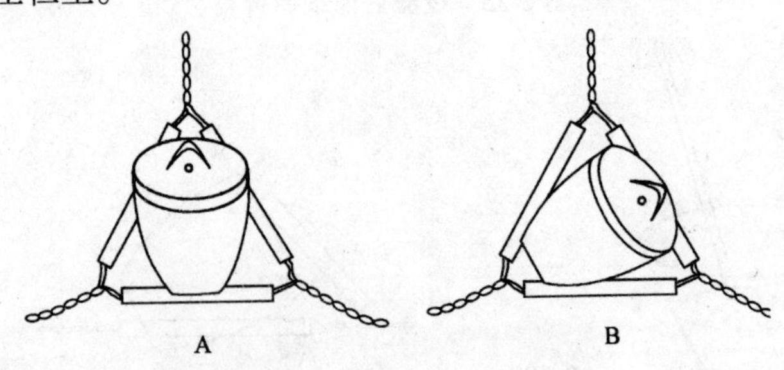

图 2-28 瓷坩埚在泥三角上的放置

A. 正确 B. 不正确

用马弗炉灼烧沉淀时,一般先在电炉上将沉淀和滤纸烤干,使滤纸炭化,然后置炉内灼烧。第一次灼烧时间稍长些,约 0.5 小时或 45 分钟。第二次灼烧 15~20 分钟。每次灼烧完毕从炉内取出后,都需要在空气中稍冷,才能移入干燥器中。沉淀冷却至室温后,称量。再灼烧,冷却、称量,直至恒重。

某些沉淀只需烘干即可达到一定的组成,就不必在瓷坩埚中灼烧;有些沉淀因热稳定性差,不能在瓷坩埚中灼烧,可用微孔玻璃坩埚过滤,再烘干。

微孔玻璃坩埚放入烘箱中烘干时,应将它放在表面皿上,然后放入烘箱中,温度在 200 ℃以下(根据沉淀性质确定其干燥温度),第一次烘干沉淀时间要长些,约 2 小时。第二次烘干时间可短些,为 45 分钟到 1 小时,根据沉淀的性质具体处理。沉淀烘干后,取出坩埚,置干燥器中冷却至室温后称量。反复烘干、称量,直至恒重为止。

第四节 酸度计简介

一、pHS-2 型酸度计

(一) 构造

pHS-2 型酸度计是一种较为精密的高阻抗输入的直流毫伏计,适合于测定 pH 电极、离子选择性电极以及其他金属电极的电位。pHS-2 型酸度计的外形结构如图 2-29 所示。仪器采用参量震荡放大电路,利用深度负反馈,以提高仪器的稳定性和线性度。内部有标准电压发生器,可以抵消一部分输入信号,以起到扩大量程的作用。仪器测量 pH 范围为 1～14,最小分度为0.02 pH单位。

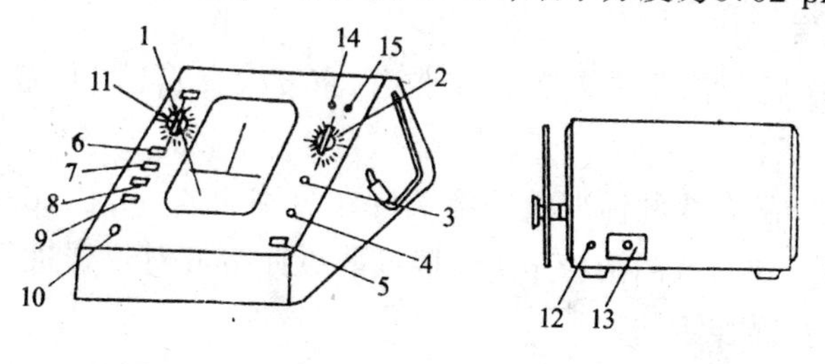

图 2-29 pHS-2 型酸度计

1. 指示表	2. pH-mV 分挡开关	3. 校正调节器
4. 定位调节器	5. 读数开关	6. 电源按键
7. pH 按键	8. +mV 按键	9. −mV 按键
10. 零点调节器	11. 温度补偿器	12. 保险丝
13. 电源插座	14. 甘汞电极接线柱	15. 玻璃电极插口

(二) 测定 pH 的操作方法

1. 电源

仪器电源为交流电,电压必须符合仪器铭牌上所指明的数据。

2. 电极安装

将玻璃电极夹在夹子上，电极插头插在电极插口 15 内，并将小螺丝旋紧。将甘汞电极夹在中夹子上，甘汞电极引线连接在接线柱 14 上，玻璃电极的球部应比甘汞电极下端稍高些。

3. 校正

校正测量 pH 时，先按下按键 7，但读数开关 5 不要按下，左上角指示灯应亮。为保持仪表稳定，应预热半小时。

(1) 调节温度补偿器 11，使其指示在被测溶液温度值上。

(2) 将分挡开关 2 放在"6"上，调节零点调节器 10 使其指示在 pH"1"。

(3) 将分挡开关 2 放在校正位置，调节校正调节器 3 使其指针在满度。

(4) 将分挡开关 2 放在"6"位置，重复检查 pH"1"位置。

4. 定位

仪器附有 3 种标准缓冲溶液（pH 分别为 4.00，6.86，9.20），可选用一种与被测溶液 pH 较接近的缓冲溶液对仪器进行定位。仪器定位操作步骤如下：

(1) 向烧杯中倒入标准缓冲溶液，按溶液温度查出该温度时标准缓冲液的 pH。

(2) 按下读数开关 5。

(3) 调节定位调节器 4 使其指示在该标准缓冲液的 pH（即分档开关 2 上的指示数加表盘上的指示数），至指针稳定为止。重复调节定位调节器。

(4) 放开读数开关 5，将电极上移，移去标准缓冲溶液，用蒸馏水清洗电极头部，并用滤纸将水吸干。这时，仪器已定好位，后面测量时，不得再动定位调节器。

5. 测量溶液的 pH

(1) 放上盛有待测溶液的烧杯，移下电极，将烧杯轻轻摇动。

(2) 按下读数开关 5，调节分档开关 2 读出值。

(3) 重复读数，待读数稳定后，放开读数开关，移走溶液，用蒸馏水冲洗电极，将电极保存好。

(4) 关上电源开关，套上仪器罩。

(三) 注意事项

1. 玻璃电极初次使用时，一定要先在蒸馏水或 0.1 mol/L HCl溶液中浸泡 24 小时以上，每次用毕应浸泡在蒸馏水中。玻璃电极壁薄易碎，操作应仔细。

2. 甘汞电极在使用时要注意电极内是否充满 KCl 溶液，里面应无气泡，否则将断路。为防止 KCl 溶液损失，保存时，电极上部加液孔塞有橡皮塞，电极下端戴有橡皮帽，使用时两者都应取下。

二、pHS-3C 型酸度计

(一) 构造

pHS-3C 型酸度计是一种精密数字显示 pH 计，其测量范围宽，重复性误差小。pHS-3C 型酸度计配有复合电极，其外形结构如图 2-30 所示。

(二) 测量 pH 的操作方法

1. 电极安装

电极梗 14 插入电极梗插座，电极夹 15 夹在电极梗 14 上，复合电极 16 夹在电极夹 15 上，拔下电极 16 前端的电极套 17，用蒸馏水冲洗电极，再用滤纸吸干电极底部的水分。

2. 开机

将电源线 18 插入电源插座 13，按下电源开关 12。预热半小时。

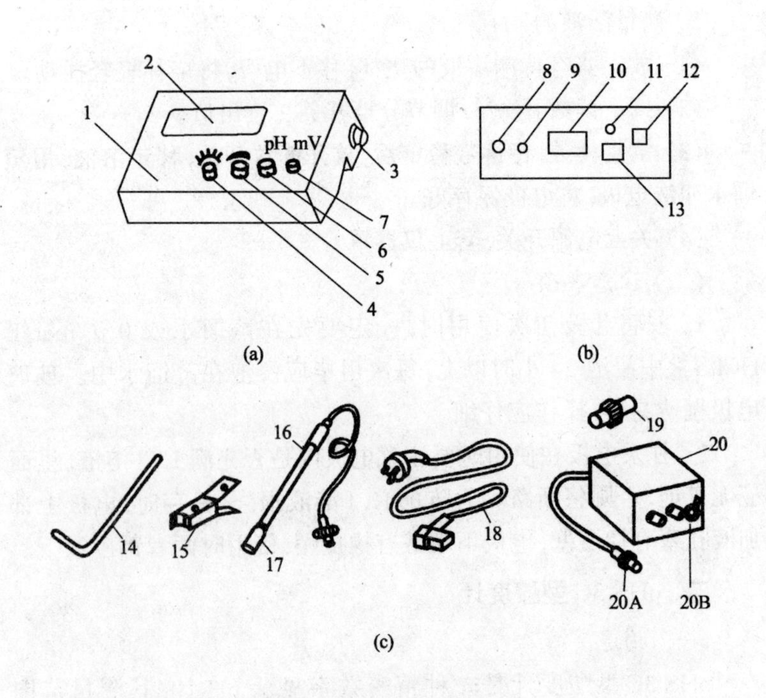

图 2-30 pHS-3C 型酸度计

1．前面板	2．显示屏	3．电极梗插座
4．温度补偿旋钮	5．斜率补偿旋钮	6．定位调节旋钮
7．pH-mV 选择旋钮	8．测量电极插座	9．参比电极插座
10．铭牌	11．保险丝	12．电源开关
13．电源插座	14．电极梗	15．电极夹
16．pH 复合电极	17．电极套	18．电源线
19．短路插头	20．电极插转换器	20A．转换器插头
20B．转换器插座		

3．标定

(1) 将选择旋钮 7 调到 pH 挡, 调节温度补偿旋钮 4, 使其指示溶液的温度值。

(2) 把斜率调节旋钮 5 顺时针旋到底，把清洗过的电极插入 pH = 6.86 的标准缓冲液中，调节定位调节旋钮，使仪器显示读数与该缓冲液的 pH 一致。将电极上移，用蒸馏水清洗电极，再换上 pH = 4.00(或 9.18)的标准缓冲液，调节斜率旋钮到 pH = 4.00(或 9.18)，重复操作直至不用再调节定位或斜率两旋钮为止。

4. 测量溶液的 pH

用蒸馏水清洗电极头部，用滤纸吸干，将电极浸入被测溶液中，将烧杯轻轻摇动，使溶液均匀，在显示屏上读出溶液的 pH。

(三) 注意事项

1. 一般情况下，在 24 小时内仪器不需再标定，经标定的仪器定位及斜率调节旋钮不应再变动。

2. 复合电极取下套后应避免敏感玻璃泡与硬物接触，因为任何破损或擦毛都会使电极失效。

3. 测量完毕后，及时将电极保护套套上，套内应放少量补充液，以保持电极球泡的湿润。切忌浸泡在蒸馏水中。

4. 电极长期使用后，可以把电极浸泡在 4% 氢氟酸中 3～5 秒钟，用蒸馏水洗净后放在 0.1 mol/L HCl 溶液中浸泡，使之更新。

第五节 分光光度分析的常用仪器和基本操作

一、721 型分光光度计

(一) 仪器的构造与光学原理

721 型分光光度计是在可见光(360～800 nm)范围内进行分光光度分析的常用仪器，其光学系统结构如图 2-31。

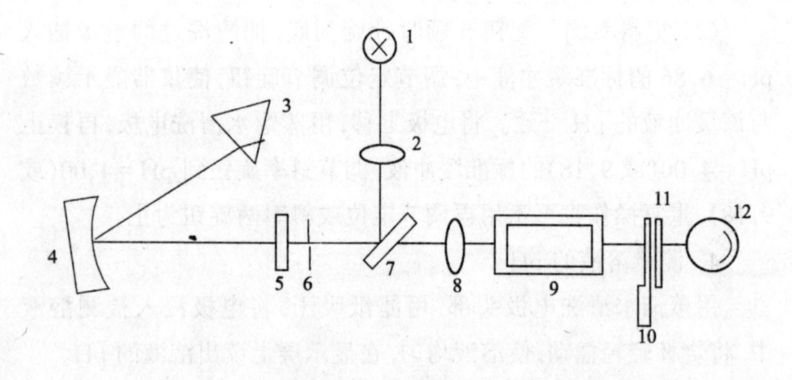

图 2-31 721 型分光光度计系统示意图

1. 光源灯	2. 聚光透镜	3. 色散棱镜
4. 准直镜	5. 保护玻璃	6. 狭 缝
7. 反射镜	8. 聚光透镜	9. 比色皿
10. 光 门	11. 保护玻璃	12. 光电管

光源 1 为钨丝白炽灯(12 V, 25 W), 由它产生的白光经聚光透镜 2 会聚后, 在平面反射镜 7 上反射, 经狭缝 6 到准直镜 4。由于狭缝正好位于准直镜的焦点上, 因此, 光线就以一束平行光照射到棱镜 3 上。经棱镜折射, 并色散为各波长的单色光。转动波长调节器使棱镜偏转一定的角度, 即可在出光狭缝得到所需波长的单色光。由于棱镜背面镀铝, 又将此单色光反射到准直镜, 再一次通过狭缝, 经过聚光透镜 8 会聚后, 通过比色皿 9 被有色溶液部分吸收, 透过光的强弱可通过光电管 12 转换为光电流, 放大后由高阻抗毫伏计测其光电流, 在毫伏计表头上将光电流转换为透光度 T 和吸光度 A。

721 型分光光度计外形结构如图 2-32 所示。

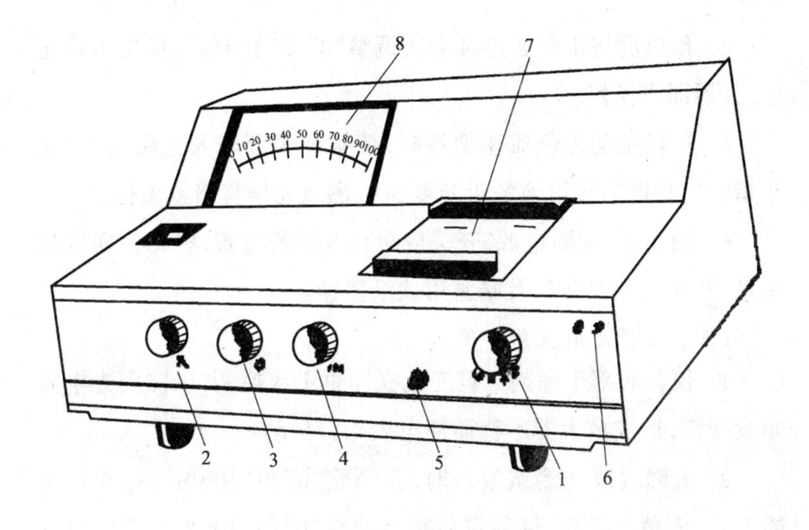

图 2-32　721 型分光光度计

1. 灵敏度挡　　2. 波长调节器　　3. “0”透光率调节

4. “100％”透光率调节　　5. 比色皿座架拉杆　　6. 电源开关

7. 比色皿暗盒　　8. 读数表

(二) 仪器的使用方法

1. 接通电流，指示灯亮。

2. 打开比色皿暗盒盖，选择需要的单色光波长，灵敏度选择参照步骤 3，调节“0” 透光率旋钮使电表指“0”，然后将比色皿暗盒盖合上，比色皿座处于蒸馏水校正位置，使光电管受光，调“100％”透光率旋钮使电表指针到满刻度附近，仪器预热约 20 分钟。

3. 放大器灵敏度有 5 挡。其选择原则是保证使参比溶液调到透光率“100％”的情况下，尽可能采用灵敏度较低挡，这样仪器的稳定性好。所以使用时一般置于“1”，灵敏度不够时逐渐升高，但改变灵敏度后须按步骤 2 重新校正“0”和“100％”。

4. 预热后按步骤 2 连续多次调整“0”和“100%”，待指示稳定后，仪器即可使用。

5. 轻轻拉动比色皿座架拉杆，使被测溶液进入光路，此时表头指针所指即为该溶液的吸光度 A。测量完毕将暗盒盖打开。

6. 测完后，切断电源，开关应拨在“关”的位置，将比色皿取出洗净，并将比色皿座架及暗盒用软纸擦净。

(三) 仪器使用注意事项

1. 仪器底部干燥剂一旦变色立即烘干或换新，以防因光电管暗盒受潮，造成放大器不稳而使电表指针抖动。

2. 大幅度改变测试波长时，在调整“0”和“100%”后，指针可能不稳，应稍等片刻，待稳定后重新调整“0”和“100%”，因钨灯在急剧改变亮度后需一段热平衡时间。

3. 拿比色皿时，手指只能捏住比色皿的毛玻璃面，不要碰比色皿的透光面，以免玷污。

4. 测有色溶液吸光度时，一定要用有色溶液洗比色皿内壁几次，以免改变有色溶液浓度。另外，在测一系列溶液的吸光度时，通常是按从稀到浓的顺序进行，以减小测量误差。

5. 在实际分析工作中，通常根据溶液浓度的大小，选用液层厚度不同的比色皿，使溶液的吸光度控制在 0.2～0.7。

二、722S 型分光光度计

(一) 仪器的构造与光学原理

722S 型分光光度计是能在340～1 000 nm波长范围内测透过率和吸光度，并且可以浓度直读的仪器。其光学系统结构如图 2-33。

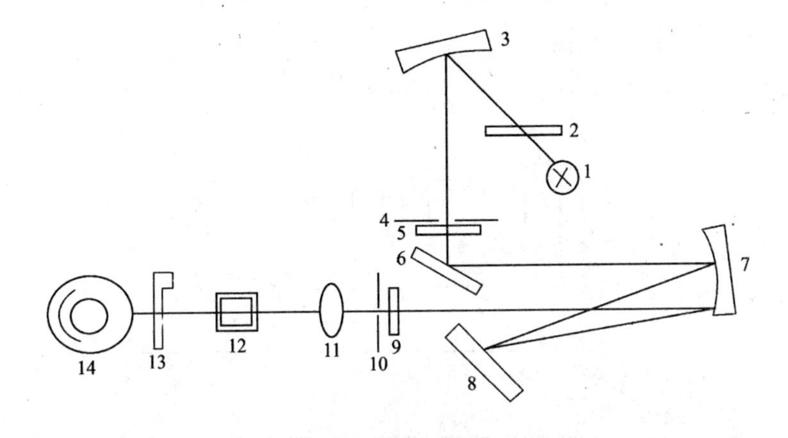

图 2-33　722S 型分光光度计的光学系统图

1. 碘钨灯	2. 滤色片	3. 聚光镜
4. 进光狭缝	5. 保护玻璃	6. 反射镜
7. 准直镜	8. 光栅	9. 保护玻璃
10. 出光狭缝	11. 聚光镜	12. 样品室
13. 光门	14. 光电管	

光源碘钨灯发出的连续辐射光线，经滤光片和球面反射镜至单色器的进光狭缝聚集成像，光束通过进光狭缝经平面反射镜至准直镜，产生平行光射至光栅，在光栅上色散后又经准直镜聚焦在出光狭缝上成一连续光谱，从出射狭缝射出一定波长的单色光，通过比色皿被有色溶液部分吸收后，透过光照射在光电管上，由于放大器和对数放大器的作用，其光能量的变化情况通过数字显示器反映，可直接读出吸光度 A 或透光率 T 或被测溶液的浓度。

722S 型分光光度计外形结构如图 2-34 所示。

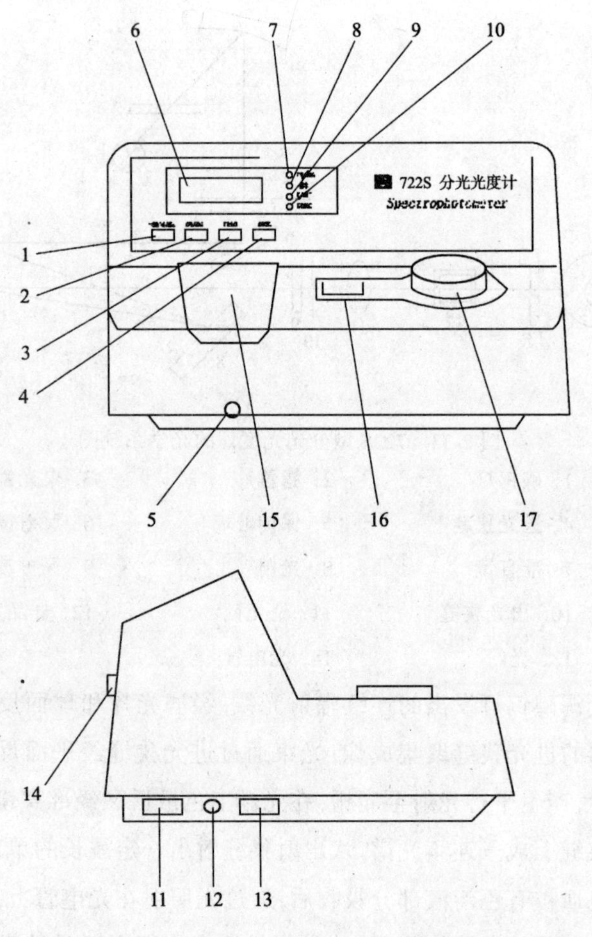

图 2-34　722S 分光光度计外形结构图

1. ↓/100%T 键	2. ↓/0%T 键	3. Function 键
4. MODE 键	5. 试样槽架拉杆	6. 显示窗 4 位 LED 数字
7. TRANS 指示灯	8. ABS 指示灯	9. FACT 指示灯
10. CONC 指示灯	11. 电源插座	12. 熔丝座
13. 总开关	14. RS232C 串行接口插座	
15. 样品室	16. 波长指示窗	17. 波长调节钮

（二）仪器的使用方法

1．打开电源开关，预热 30 分钟。

2．调节波长调节旋钮选择所需波长。

3．按 MODE 键选择所需标尺：TRANS, ABS, FACT, CONC, 并由指示灯分别指示。若测透光度 T，则 TRANS 指示灯亮。

4．打开试样盖(关闭光门)，按“0% T”键，即自动调整零位。

5．将装有溶液的比色皿放置比色架中，盖上样品室，将参比溶液比色皿置于光路，按下“100% T”键，自动调整“100% T”。

6．重复步骤 4，5(调整“0% T”和“100% T”)。

7．轻轻拉动试样槽架拉杆，将被测溶液置于光路中，显示窗上直接显示相应的数据 T。

8．若测定吸光度 A，只需将步骤 3 的标尺置 ABS，其余同上。

9．若测定浓度 c：

(1) 可①按上述步骤测出标准样品吸光度。

② 置标尺为浓度直读 CONC。

③ 按↑或↓键，使读数达已知含量值或含量值的 10 倍。

④ 置入未知样品溶液。

⑤ 读出显示值即含量值(或含量值的 10 倍)。

(2) 也可直接使用浓度因子功能，若将步骤 9(1)中执行至第三步后置标尺至 Factor，在显示窗中出现的数字即这一标准样品的浓度因子，记录这一因子数，则在下次测试时不必重测已知标准样品，只需输入这一因子即可直读浓度，具体步骤如下：

① 开机，预热，置波长，置背景溶液，调整“0%”和“100%”。

② 置标尺为 FACT。

③ 按↑或↓键使显示值为输入因子数。

④ 置标尺为 CONC。

⑤ 置入装有显色试液的比色皿，读出显示值即浓度值。

10．测完后，切断电源，开关应拨在 OFF 位置，将比色皿取出洗净，并将比色皿座架及暗箱用软纸擦净。

本仪器随机设有 RS232C 串行通讯口，可配合串行打印机或 PC 使用。

（三）仪器使用注意事项

1．仪器安放在稳固工作台上，避免震动，并避免阳光直射，避免灰尘及腐蚀性气体。

2．仪器表面宜用温水擦拭，请勿使用酒精、丙酮等溶剂清洁，不使用时请加防尘罩。

3．比色皿每次使用后应用石油醚清洗，并用镜头纸轻拭干净，存于比色皿盒中备用。

三、751G 型分光光度计

（一）仪器的构造与光学原理

751G 型分光光度计是一种典型的单光束非记录式分光光度计，用于200～1 000 nm波长的测量。其光学系统结构如图 2-35 所示。

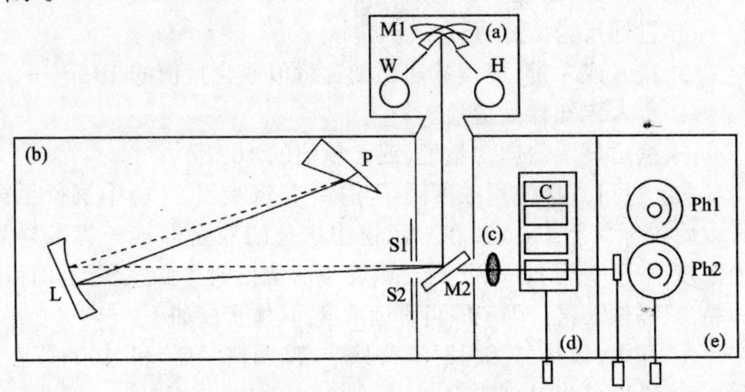

图 2-35　751G 型分光光度计光路系统

(a) 光源室　(b) 单色器　(c) 滤光片架　(d) 试样室　(e) 光电管暗盒
H—氢弧灯　W—钨灯　M1—凹面反射镜　M2—平面反射镜
S1, S2—上、下狭缝　C—液槽　P—棱镜　L—准直镜及聚光镜
Ph1—红敏光电管　Ph2—蓝敏光电管

751G型分光光度计外形结构如图2-36所示。

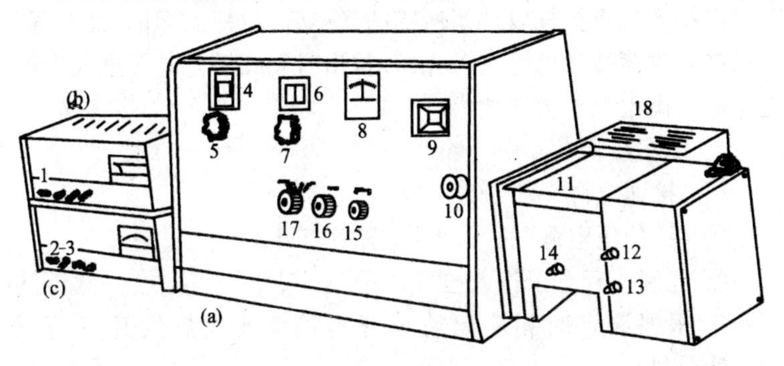

图2-36　751G型分光光度计

(a)主机　(b)氢灯稳流电源　(c)放大器—钨灯稳压电源

1. 氢灯电源开关	2. 电源开关	3. 钨灯开关
4. 波长读数	5. 波长调节	6. *A-T* 读数盘
7. *A-T* 调节	8. 示零 μA 电表	9. 缝宽读数
10. 缝宽调节	11. 试样室盖	12. 光闸拉杆
13. 光电管拉杆	14. 液槽架拉杆	15. 暗电流补偿
16. 灵敏度调节	17. 选择开关	18. 灯室

(二) 仪器的使用方法

1. 光源、电源的使用

使用氢灯时,开启氢灯电源开关,指示灯亮,表示氢灯在预热。1~2分钟后,若指示灯H自动点亮,则表示氢灯工作,工作电流为300 mA,将灯室背部的换灯手柄推向“氢灯”处,使之进入光路。氢灯关闭后,应隔20分钟后才能重新开启。使用钨灯时,开启钨灯开关,并将灯室背部的换灯手柄推向“钨灯”处,此时钨灯进入光路。

稳压电源提供仪器光源及光度测量系统的电源,将电源开关开启,表示光度测量系统工作。

2. 检测器的使用

推拉光电管拉杆以选用所需的光电管，拉杆上标记“推入蓝”，表示推入时蓝敏光电管进入光路，拉出时则红敏光电管进入光路，光电流由微电流放大器放大。

3. 操作步骤

(1) 接通电源

① 将“稳压电源”的“放大器”开关打开。

② 光闸拉杆置于推入位置。

③ 根据测定时相应的波长开启钨灯或氢灯的开关，预热15～20分钟。

(2) 调节暗电流和100%透光率

① 将波长刻度旋在所需的波长处。

② 通常情况下，灵敏度调节应自起点位置按顺时针转5圈左右的位置比较适宜。

③ 选择开关调在“校正”位置上，此时电流计指针如果不指零可用暗电流旋钮调节。

④ 按波长需要选定相应的光电管。

⑤ 根据使用波长选用比色皿。对于350 nm以上波长可用玻璃比色皿，对于350 nm以下的一定要用石英比色皿，并将装液的比色皿放在槽室的比色皿架内。

⑥ 拉动试样槽手柄，将参比溶液置入光路中。将*A*-*T*读数盘调至透光率为100%。把选择开关调至“×1”。若透光率读数小于10%(吸光度大于1)时，则选择开关应使用×0.1挡，读出透光率数值应乘以0.1(吸光度读数应加上1.000)。

⑦ 拉开光闸拉杆，使单色光透过参比溶液射到光电管上。在使用过程中，如需开启试样室盖或暂停测试时，必须及时推入光闸拉杆使光电管前门关闭，以保护光电管，防止光电管因受强光或长时间照射而损坏。

调节狭缝，使电表指针近于零，然后再微调灵敏度旋钮，使电表指针恰好指零。

(3) 吸光度的测量

拉动液槽架拉杆，将吸收池置于光路中，这时电表指针偏离“零”位。旋转 *A-T* 读数盘，重新使电表指针移至零位，此时，从读数盘上即能读取透光率或吸光度。更换试液测量时须注意，缝宽、暗电流、灵敏度三者都应保持原校正的状态，否则应重新校正。

(4) 仪器的关闭

① 将选择开关调至“关”。

② 将氢灯开关调至“关”。

③ 将稳压电源上的“放大器”及钨灯开关调至“关”。

④ 切断电源，狭缝旋到 0.01 刻度，波长旋至 625 nm，透光率调至 100%，取出比色皿放入干燥剂，罩好布罩。

第六节　定性分析基本操作

半微量定性分析实验是一种较为精细的工作，因此，应按规范进行操作。

1. 仪器的洗涤

离心管等玻璃仪器应先用自来水润湿，用刷子蘸去污粉刷洗器壁，再用自来水冲洗，最后用蒸馏水洗 2～3 次。滴管、载片等不便或不宜用刷子刷洗的器皿，可用其他适宜的洗涤液清洗，然后再用自来水及蒸馏水冲洗。洗净的仪器应清洁、透明、不挂水珠。

2. 试剂的使用

滴加试剂溶液时，滴管的尖端应略高于离心管口，不得触及离心管内壁，以免玷污试剂。

使用试剂时应注意：

(1) 试剂应按次序排列，取用试剂时不得将试剂瓶自架上取下，以免搞乱顺序，寻找困难。

(2) 试剂严防玷污。不能用自己的滴管取试剂瓶中的试剂，试剂瓶上的滴管除取用时拿在手中外，不得放在原瓶以外的任何地方。如滴管被玷污，应立即用蒸馏水冲洗干净，再放回原瓶。拿滴管时，不能倒置，以免试剂流入橡皮头内玷污试剂。

(3) 取用试剂后将滴管放回原瓶时，要注意试剂瓶的标签与所取试剂是否一致，以免弄错。如果一旦插错了滴管，必须将该试剂瓶中试剂全部倒掉，洗净试剂瓶及滴管，重装试剂溶液。

(4) 固体试剂应该用原瓶自带的玻璃药勺取用。

(5) 使用试纸要用镊子夹取。

3. 加热和蒸发

离心管不能在火上直接加热，以免溶液溅出或损坏离心管。通常都在水浴中加热，水浴应保持微沸。如溶液需煮沸或蒸发浓缩时，应将溶液转移到坩埚或烧杯中，放在石棉网上以微火加热，同时慢慢搅动。

4. 检查溶液的酸碱性

用搅棒充分搅匀溶液后，再用搅棒沾一滴溶液与放在点滴板或表面皿上的 pH 试纸接触，观察试纸颜色并与标准色板比较，切勿将试纸投入被检查的溶液中，以免使溶液玷污。

5. 沉淀的生成与沉淀完全的检查

许多定性反应都是沉淀反应，沉淀反应常在离心管中进行。反应时将试液放入离心管中，滴加试剂，每加 1 滴试剂要用搅棒充分搅拌，直到沉淀完全。

检验沉淀完全的方法是将沉淀离心沉降，在上清液中沿管壁再加一滴沉淀剂，如不发生浑浊，则表示沉淀已经完全。否则应继续滴加沉淀剂，直到沉淀完全为止。

有的沉淀反应要在点滴板上进行，这种反应一般适用于少量试液和试剂在常温下产生沉淀的鉴定反应。若生成浅色沉淀可使用黑色点滴板,若生成深色沉淀可使用白色点滴板。

6. 沉淀的离心沉降与离心机的使用

在定性分析中,常使用离心机来完成离心沉降。使用离心机时应注意:放在离心机对称位置上的离心管重量必须相近,必要时应在托盘天平上进行称量并调节至相等,以保持平衡。如只离心一支离心管,则对称位置上应放一盛有等量水的离心管,以保持平衡。启动离心机应从低速挡开始,运转平稳后,逐渐调至高速挡。离心机转动时不可用手使其停止或拿取离心管。

7. 沉淀与离心液的分离

离心沉降后要用吸管分离沉淀和离心液,先压缩吸管橡皮球,排出其中空气,将离心管倾斜,然后将吸管缓缓插入离心液,但不可触及沉淀;然后慢慢放松橡皮球,使离心液吸入吸管,小心取出吸管,将离心液移入另一管中。必要时,可重复几次。

8. 沉淀的洗涤

沉淀与离心液分离后,沉淀中仍包藏着少量离心液,为使沉淀纯净,这部分离心液应该洗去。

沉淀洗涤时,在沉淀上加 2～3 倍于沉淀体积的蒸馏水(对胶性沉淀宜用稀的电解质溶液洗涤),充分搅拌后离心分离,然后用吸管或倾泻法分出洗涤液。沉淀洗涤一般 2～3 次即可。

实验部分

实验一　常见阳离子鉴定及硫化氢系统分析法

一、实验目的

1. 了解离子鉴定的基本原理和方法。

2. 学会硫化氢系统分析法的基本原理和基本操作。

二、实验原理

在化学分析法中，离子的定性分析主要根据不同离子具有不同的化学反应特异性，通过加入某种试剂产生某种特殊的实验现象，如某种沉淀的生成或溶解、溶液颜色改变、气体生成等，来鉴定离子的存在。

在试样组成较简单、共存离子不干扰时，可不分离共存离子而直接鉴定。当试样组成复杂、共存离子对鉴定有干扰时，应先按一定顺序将离子分离，然后再依次进行鉴定，这样的分析方法称为系统分析法。用硫化氢系统分析法进行阳离子分析时，先用组试剂将复杂的试样分成 5 个小组，因此，即使试样含有几十种阳离子，也能够得到一一鉴定。

由于学时所限，本实验只选取 10 种常见阳离子进行分析，使大家对阳离子的定性分析及硫化氢系统分析的基本原理和实验操作有一个大致的了解。

三、实验内容

（一）常见阳离子的鉴定

1. Ag^+的鉴定

取 Ag^+ 试液 1 滴，加 1 滴 2 mol/L HNO_3 酸化，再加 1 滴

2 mol/L HCl,有白色沉淀出现;边振荡边滴加 6 mol/L 氨水,白色沉淀溶解;继续滴加 6 mol/L HNO_3又有白色沉淀出现,示有 Ag^+ 存在。

$$Ag^+ + Cl^- = AgCl\downarrow$$

$$AgCl\downarrow + 2NH_3 = [Ag(NH_3)_2]^+ + Cl^-$$

$$[Ag(NH_3)_2]Cl + 2H^+ = AgCl\downarrow + 2NH_4^+$$

2. Hg_2^{2+} 的鉴定

取 Hg_2^{2+} 试液 1 滴,加 1 滴 2 mol/L HCl,有白色沉淀出现;滴加 6 mol/L 氨水,搅拌,沉淀立即变为灰黑色,示有 Hg_2^{2+} 存在。

$$Hg_2^{2+} + 2Cl^- = Hg_2Cl_2\downarrow$$

$$Hg_2Cl_2\downarrow + 2NH_3 = [NH_2Hg]Cl\downarrow(白) + Hg\downarrow(黑) + NH_4Cl$$

3. Pb^{2+}的鉴定

取 Pb^{2+}试液 1 滴,加 1 滴 0.25 mol/L K_2CrO_4,生成黄色沉淀,再加 5 滴 6 mol/L NaOH,沉淀溶解,示有 Pb^{2+}存在。

$$Pb^{2+} + CrO_4^{2-} = PbCrO_4\downarrow$$

$$PbCrO_4 + 3OH^- = HPbO_2^- + CrO_4^{2-} + H_2O$$

4. Cu^{2+}的鉴定

取 Cu^{2+} 试液 1 滴于白色点滴板上,加 1 滴 0.25 mol/L $K_4[Fe(CN)_6]$,如有红棕色沉淀生成,示有 Cu^{2+}存在。

$$2Cu^{2+} + [Fe(CN)_6]^{4-} = Cu_2[Fe(CN)_6]\downarrow$$

5. Fe^{3+}的鉴定

取 Fe^{3+}试液 1 滴于白色点滴板上,加 1 滴 $K_4[Fe(CN)_6]$,如有深蓝色沉淀生成,示有 Fe^{3+}存在。

$$4Fe^{3+} + 3[Fe(CN)_6]^{4-} = Fe_4[Fe(CN)_6]_3\downarrow$$

6. Mn^{2+}的鉴定

取 Mn^{2+}试液 1 滴,加水 2 滴、6 mol/L HNO_3 2 滴、固体铋酸钠少许,搅拌后静置,若溶液呈紫红色,示有 Mn^{2+}存在。

$$2Mn^{2+} + 5BiO_3^- + 14H^+ \longrightarrow 2MnO_4^- + 5Bi^{3+} + 7H_2O$$

7. Ba^{2+}的鉴定

取Ba^{2+}试液1滴，加1滴0.25 mol/L K_2CrO_4，生成黄色沉淀，再加几滴6 mol/L NaOH，沉淀不溶解，示有Ba^{2+}存在。

$$Ba^{2+} + CrO_4^{2-} \longrightarrow BaCrO_4 \downarrow$$

8. Ca^{2+}的鉴定

取Ca^{2+}试液1滴于黑色点滴板上，加95%乙醇3滴，3 mol/L NH_4Cl 2滴，0.25 mol/L $K_4[Fe(CN)_6]$ 1滴，若产生白色沉淀，示有Ca^{2+}存在。

$$Ca^{2+} + 2NH_4^+ + [Fe(CN)_6]^{4-} \longrightarrow Ca(NH_4)_2[Fe(CN)_6] \downarrow$$

9. Mg^{2+}的鉴定

取Mg^{2+}试液1滴，加镁试剂(对硝基偶氮间苯二酚)1滴、6 mol/L NaOH 1滴，若生成蓝色沉淀或溶液变蓝，示有Mg^{2+}存在(Mg^{2+}与镁试剂在碱性介质中生成蓝色螯合物沉淀)。

10. NH_4^+的鉴定

气室法：用两个表面皿组成一个气室。在上面的表面皿中央贴一片浸过奈斯勒试剂的潮湿滤纸(或直接加1滴奈斯勒试剂)，在下面的表面皿里加1滴NH_4^+试液、2滴6 mol/L NaOH，立即将贴试纸的表面皿盖上，若滤纸变成红棕色，示有NH_4^+存在(也可在上表面皿贴一片湿润的pH试纸，若试纸变蓝，示有NH_4^+存在)。

(二) 常见阳离子的硫化氢系统分析法

领取被测阳离子混合试液，按下列步骤进行硫化氢系统分析。

1. 分组前的离子鉴定

(1) Fe^{3+}的鉴定

取被测混合试液1滴于白色点滴板上，加1滴$K_4[Fe(CN)_6]$，如有深蓝色沉淀生成，示有Fe^{3+}存在。

(2) NH_4^+ 的鉴定

气室法:用两个表面皿组成一个气室。在上面的表面皿中央贴一片浸过奈斯勒试剂的潮湿滤纸(或直接加 1 滴奈斯勒试剂),在下面的表面皿里加 2 滴待测混合试液、2 滴 6 mol/L NaOH,立即将贴滤纸的表面皿盖上,若滤纸变成红棕色,示有 NH_4^+ 存在。

2. 阳离子第Ⅰ组(Ag^+, Hg_2^{2+})的分离及鉴定

(1) 本组离子的分离

取待测试液 2~3 mL 于离心管中,滴加 6 mol/L HCl 6~7 滴,充分搅拌,离心沉降,在上清液中加 1 滴 2 mol/L HCl,如不发生浑浊,即可认为本组离子已沉淀完全。在沸水浴上加热半分钟,立即趁热离心分离。离心液留作第Ⅱ~Ⅴ组阳离子分析,沉淀用 1 mol/L HCl 洗涤两次,留待下面鉴定。

(2) Hg_2^{2+} 的鉴定及与 Ag^+ 的分离

将上面所得沉淀滴加 6 mol/L 氨水 5~6 滴,搅拌,沉淀立即变为灰黑色,示有 Hg_2^{2+} 存在。离心分离,离心液用于鉴定 Ag^+。

(3) Ag^+ 的鉴定

取(2)所得离心液 2 滴于黑色点滴板上,滴加 6 mol/L HNO_3 酸化,若有白色沉淀出现,示有 Ag^+ 存在。

3. 阳离子第Ⅱ组(Pb^{2+}, Cu^{2+})的分离及鉴定

(1) 本组离子的分离

将分离出第Ⅰ组离子后余下的离心液,缓慢滴加 6 mol/L 氨水及 0.5 mol/L 氨水调节至甲基紫试纸(或甲基紫指示剂)呈黄绿色(黄色显示酸度过大,蓝色显示酸度过小),加 8 滴 5% TAA,沸水浴中加热 5 分钟。缓慢滴加 6 mol/L 氨水,调节溶液酸度至甲基紫试纸(或指示剂)刚好呈蓝色,再加 3 滴 5% TAA,加热 5 分钟,离心分离,离心液用于第Ⅲ~Ⅴ组阳离子分析,沉淀用 5% NH_4Cl 洗涤后留作第Ⅱ组离子鉴定。

注:TAA为硫代乙酰胺(CH_3CSNH_2)的简称,在酸性溶液中水解生成H_2S,因此可以代替H_2S沉淀第Ⅱ组阳离子;在氨性溶液中可以代替$(NH_4)_2S$沉淀第Ⅲ组阳离子。

(2) 铜、铅硫化物的溶解

将(1)所得沉淀加5滴6 mol/L HNO_3,加热并搅拌,离心分离,弃去残渣。

(3) Cu^{2+}的鉴定

将(2)所得离心液滴加6 mol/L氨水,开始有沉淀生成,继续滴加氨水,若溶液呈深蓝色,示有Cu^{2+}存在。

离心分离,沉淀留作Pb^{2+}鉴定,离心液加6 mol/L HAc酸化至深蓝色退去,加1~2滴$K_4[Fe(CN)_6]$,若有红棕色沉淀出现,示有Cu^{2+}存在。

(4) Pb^{2+}的鉴定

将(3)所得沉淀加6 mol/L HAc溶解后,再多加1滴HAc,然后加2滴0.25 mol/L K_2CrO_4,生成黄色沉淀,再加6 mol/L NaOH,沉淀溶解,示有Pb^{2+}存在。

4. 阳离子第Ⅲ组(Fe^{3+},Mn^{2+})的分离及鉴定

(1) 本组离子的分离

将分离出第Ⅱ组离子后的混合液,先加6滴3 mol/L NH_4Cl,再滴加6 mol/L氨水调pH至8~9,加6滴5% TAA,沸水浴加热5分钟,离心分离。在上清液中加氨水和TAA各一滴,观察沉淀是否完全,如已沉淀完全,离心沉降沉淀留作第Ⅲ组离子鉴定,离心液立即处理后留作第Ⅳ~Ⅴ组分析,处理方法如下。

立即将离心液倒入小烧杯中,加6 mol/L HAc使呈酸性,煮沸,使过量的$(NH_4)_2S$分解,并将溶液蒸发到原体积的一半,转入离心管中,离心分离,弃去沉淀,离心液留作第Ⅳ~Ⅴ组分析。

(2) Mn^{2+}的鉴定

将(1)所得沉淀加6滴6 mol/L HNO_3,加热并搅拌,使其溶

解,离心并弃去残渣。取离心液 2 滴于离心管中,加水 2 滴、6 mol/L HNO_3 1 滴、固体 $NaBiO_3$少许,搅拌,静置,若溶液呈紫红色,示有 Mn^{2+}存在。

5. 阳离子第Ⅳ组(Ba^{2+},Ca^{2+})的分离及鉴定

(1) 本组离子的分离

将分离出第Ⅲ组离子后余下的试样液,先加 3 mol/L NH_4Cl,再加 3 mol/L 氨水,调节 pH = 9,滴加 2 mol/L $(NH_4)_2CO_3$至不再产生沉淀,加热 3 分钟,离心分离,检查沉淀是否完全,若已沉淀完全,离心液留作第Ⅴ组鉴定,沉淀用 NH_4Cl 洗涤后备用。

(2) 本组沉淀溶解

将上述沉淀滴加 3 mol/L HAc,搅拌,使其溶解。

(3) Ba^{2+}的鉴定

取上述溶液 2 滴,加入 0.25 mol/L K_2CrO_4,若生成黄色沉淀,示有 Ba^{2+}存在。

(4) Ca^{2+}的鉴定

取(2)所得溶液 2 滴于黑色点滴板上,加 95% 乙醇 3 滴、3 mol/L NH_4Cl 2 滴、0.25 mol/L $K_4[Fe(CN)_6]$ 1 滴,若产生白色沉淀,示有 Ca^{2+}存在。

6. 阳离子第Ⅴ组(NH_4^+,Mg^{2+})的鉴定

因 NH_4^+ 已在前面鉴定,所以此处只鉴定 Mg^{2+}。

取分离出第Ⅳ组离子后余下的试样液 2 滴于白色点滴板上,加镁试剂 2 滴、6 mol/L NaOH 1~2 滴,若生成蓝色沉淀或溶液变蓝,示有 Mg^{2+}存在。

注:由于学时所限,本实验可先完成常见阳离子的鉴定,然后选 3 种不同组的已知离子进行系统分析法的分离操作练习。

四、思考题

1. 为什么要用系统分析法鉴定离子?

2. 阳离子硫化氢系统分析的组试剂各是什么？各组分别在什么酸度条件下分离？

五、练习

阳离子未知液分析：领取 4 mL 阳离子未知混合溶液，取 2～3 mL分析，1 mL 备用，书面报告分析结果。

实验二　分析天平称量练习

一、实验目的

1. 掌握分析天平的使用规则和使用方法，测定所用天平的灵敏度和示值变动性。

2. 学会定量称量法和减量称量法。

二、实验原理

用分析天平称量前，应该检查它的灵敏度(E)和示值变动性。天平的灵敏度是指在天平的一个秤盘上增加1 mg质量时，所引起指针偏转的程度，以分度/mg表示。指针偏转的程度愈大，天平愈灵敏。在实际应用中，常用灵敏度的倒数——分度值(S)来表示。分度值又称为感量，定义为使天平的指针偏转一个分度所需要的质量(mg)，单位为mg/分度。

天平的示值变动性是指在不改变天平状态下，多次开、关天平，天平恢复平衡位置的能力。示值变动性值的大小反映天平的稳定性，变动性值愈小，天平愈稳定。天平的示值变动性不仅和天平梁的重心位置有关，另外还与温度、气流、震动等因素有关。天平梁的重心位置愈低，变动性越小，因此，可以通过调节重心螺丝来改变天平的变动性。变动性的表示方法常以称量前后空盘零点的变动性值表示。

一台天平的灵敏度愈高，示值变动性愈大，稳定性就愈差。一般要求电光天平的灵敏度为 100 ± 2 分度/10 mg，即分度值为0.1 mg/分度，示值变动值为0.1～0.2 mg。

定量称量法是称取某一指定质量的试样。为了便于试样或试剂的定量转移，常采用表面皿或小烧杯等器皿盛试样称量。这种方法适合于称量不吸水，在空气中性质稳定的试样，如金属、矿石等。减量称量法要用称量瓶称量，先称称量瓶加试样质量 m_1，向一器皿(如烧杯)倾出一部分试样后，再称称量瓶加剩余试样质量 m_2，两次质量差 $m_1 - m_2$即为称取的试样质量。这种方法适合于称量易吸水、易氧化或易与 CO_2反应的试样。

三、仪器与试剂

电光分析天平 1 台。

100 mL 烧杯 3 个、表面皿 2 个、高型称量瓶 1 个、牛角匙 1 个。

NaCl 固体：CP。

四、实验步骤

1. 灵敏度的调节

开启天平，调节零点微调拨杆，使标尺上的"0"刻度与投影屏上的标线重合，若相差较大则调节平衡螺丝使其重合，然后关闭天平。在与圈码不在同一侧的秤盘上放一个校准过的 10 mg 砝码，再启动天平，标尺应移动至 100±2 个小格(9.8～10.2 mg)范围内，这时天平的分度值为 10 mg/100 分度 = 0.1 mg/分度。如不符合要求，则需要调节重心螺丝。重心螺丝向下调，天平梁的重心位置愈低，灵敏度愈低；重心螺丝向上调，灵敏度愈高。重心螺丝的位置一般是调好的，需要调节时要报告指导教师。

2. 示值变动性的测定

连续测定空载时天平零点 2 次，然后在天平两秤盘内各放 20 g砝码，将天平启动、关闭数次，取下砝码，再测天平空盘零点 2 次，4 次零点测定值中最大值与最小值之差即为变动性值。一般分析天平变动性值允许范围为 0.1～0.2 mg。

3. 定量称量

称取 0.500 0 g 的 NaCl 试样 1 份。称量方法如下：

取两个小表面皿或小烧杯，用洗液、自来水、蒸馏水洗净，于烘箱中烘干，冷却，在台秤上粗称其质量，再在分析天平上称出它们的准确质量。然后增加 500 mg 砝码与前次称量一致，再用药匙将固体 NaCl 慢慢加入表面皿或小烧杯中，直至天平投影屏上的读数与前次称量一致，此时称取的 NaCl 的质量即为0.500 0 g。允许误差不超过0.2 mg。

注意：小表面皿或小烧杯要放在秤盘的中央位置，试样也要放在中央位置。

4. 减量称量

取一个高型称量瓶，依次用洗液、自来水、蒸馏水洗净。置于烘箱中，称量瓶盖斜放在称量瓶口上，在 105 ℃时，烘 30 分钟，取出称量瓶，稍冷，即将称量瓶置于干燥器中，冷却至室温备用。洗净并干燥后的称量瓶，在整个称量过程中，都要用一小条洁净的纸条包裹拿取，称量瓶盖也要用小纸片包裹盖柄，避免手指直接接触。取 3 个洁净的 100 mL 烧杯，用于盛放称量的试样，并将烧杯用玻璃铅笔编为 1,2,3 号。

用纸条拿取称量瓶，先在托盘天平上称取空称量瓶质量，增加 1 g 砝码，在称量瓶中加入 NaCl 试样至托盘天平达到平衡点，这时，称量瓶装入了 1 g NaCl 试样。

将盛有 NaCl 试样的称量瓶，转移到分析天平上进行精确称量。记录称量瓶加试样质量 m_1，然后取出称量瓶，在 1 号烧杯上方，打开瓶盖，倾斜瓶身，并且用瓶盖轻轻敲击称量瓶的上缘，将试样慢慢倾入 1 号烧杯中，估计倾出量约为全量的 1/3 时，即将称量瓶口稍向上，再用瓶盖轻轻敲击，使瓶内剩余试样全部落回瓶的底部（称量瓶直起时的操作，要在烧杯口的正上方完成，使称量瓶口沾有的试样或落入烧杯中或落回称量瓶中，不可撒在外面），盖好瓶盖，在分析天平上再精确称量称量瓶加剩余试样的质量 m_2，两

次质量差 $m_1 - m_2$ 就是第一份称取试样的质量。按同样的方法，称取第2份和第3份试样。

五、思考题

1. 称量的方法有哪几种？定量称量法和减量称量法各有何优缺点？什么情况下用定量称量法？什么情况下用减量称量法？

2. 在减量称量法称出试样的过程中，若称量瓶中的试样吸湿，对称量会造成什么影响？如果称量前没有校准零点，对称量结果有何影响？

3. 直接称量为什么必须预先调好零点？

4. 减量称量法称取试样的过程中，能否采用药匙加取试样？

实验三　葡萄糖干燥失重的测定

一、实验目的

1．继续练习分析天平的使用。

2．掌握恒重的概念和方法。

3．学会干燥失重测定的原理和方法。

二、实验原理

葡萄糖($C_6H_{12}O_6 \cdot H_2O$)中含有一定量的结晶水，在105 ℃加热时，结晶水挥发逸去，葡萄糖的质量减轻。此减轻的质量与称取试样质量之比即为干燥失重。葡萄糖的理论含水量为

$$w(H_2O)=\frac{M(H_2O)}{M(C_6H_{12}O_6 \cdot H_2O)}=\frac{18.02\ g/mol}{198.2\ g/mol}=0.090\,9=9.09\%$$

药典规定葡萄糖干燥失重不得超过9.5%。

三、仪器与试剂

1．分析天平1台。

2．托盘天平1台。

3．烘箱1个。

4．扁型称量瓶1个。

5．葡萄糖(含结晶水)固体:A.R。

四、实验步骤

1．空称量瓶的恒重

将洗净的扁型称量瓶放在表面皿上，再放入烘箱内。称量瓶盖斜放在称量瓶口上，于105 ℃烘30分钟，取出，放在干燥器中冷却30分钟，在分析天平上精确称量，再将称量瓶放入烘箱中于

105 ℃烘30分钟，同前法冷却，称量，直至两次称量的质量差小于0.2 mg，即达到恒重。求平均值即为空称量瓶的质量 m_0。

2．称取试样

在托盘天平上称取1～2 g葡萄糖（如已结块，须研碎）试样，置于上述已恒重的扁型称量瓶中，在分析天平上称出称量瓶加试样的质量，记为 m_1，则试样的质量为 $m_1 - m_0$。

3．烘干试样

将装有葡萄糖试样的称量瓶放在烘箱内，称量瓶盖斜放在称量瓶口上，在105 ℃下烘约2小时，取出后置于干燥器中冷却30分钟，精确称量。再置于烘箱中烘约1小时，再在干燥器中冷却，称量，直至达到恒重，此时的质量记为 m_2。葡萄糖中水分的质量为 $m_1 - m_2$，所以干燥失重为

$$w(H_2O) = \frac{m_1 - m_2}{m_1 - m_0}$$

五、思考题

1．烘称量瓶或试样时为什么称量瓶瓶盖斜放在称量瓶瓶口上而不能盖严？

2．什么叫恒重？为什么称量瓶一定要重复干燥至恒重后才能使用？

实验四　容量器皿的准备、使用和校准

一、实验目的

1. 熟悉滴定分析器皿的洗涤和使用方法。

2. 学会校准滴定管、移液管和容量瓶的方法。

二、实验原理

滴定分析采用的量器都具有刻度和标称容量。但其实际容量和标称容量有可能不完全相符，即量器产品都允许有一定的容量误差。在准确度要求较高的分析工作中，必须对所用的量器进行校准。校准的方法有称量校准法和相对校准法。

1. 称量校准法

用分析天平称量被校量器中量入或量出的纯水的质量 m，然后根据纯水的密度 ρ 计算出被校量器的实际容量，这种方法称为称量校准法。由于玻璃具有热胀冷缩的性质，改变温度，量器的容积也会改变。因此，国际上规定使用玻璃量器的标准温度为 20 ℃，量器上所标出的标线和数字，就称为量器在标准温度 20 ℃时的标称容量。量器的校准也必须以此温度为标准。但是在实际校准时，称量是在室温下和在空气中进行的，因此需要考虑下列 3 个方面的影响：

(1) 水的密度随温度而改变的影响；

(2) 空气浮力对称量的影响；

(3) 玻璃量器的容积随温度而改变的影响。

综合上述因素，得出总的校准公式为

$$m = V_{20}[1 + \gamma(t - 20)]\frac{\rho_B}{(\rho_B - \rho_A)}(\rho_W - \rho_A)$$

式中：m——在空气中平衡纯水所需砝码的质量，g；

V_{20}——在标准温度 20 ℃时量器的实际容量，mL；

t——校准时的温度，℃；

ρ_A——空气的密度，g/cm^3；

ρ_B——砝码的密度，g/cm^3；

ρ_W——温度为 t 时纯水的密度，g/cm^3；

γ——玻璃的体膨胀系数，$℃^{-1}$。

在实际应用上式时，计算比较烦琐，通常是将其制成表格形式。一种简易的方法是：将空气密度 ρ_A(0.001 2 g/cm^3)、砝码密度 ρ_B(8.0 g/cm^3)、玻璃的体膨胀系数 γ (0.000 025 $℃^{-1}$)等作为常数代入上式，然后计算出 20 ℃时容量为 1 mL 的玻璃量器(V_{20} = 1 mL)在不同温度 t 时，所盛装纯水的质量，可称其为表观密度，见表实验 4-1。据此进行玻璃量器的校准，就十分方便了。

例如，在 25 ℃时，一支 25 mL 的移液管放出纯水的质量为 24.921 g。查表实验 4-1 得：20 ℃时容量为 1 mL 的量器在 25 ℃时，盛装纯水的质量为 0.996 17 g。所以，该移液管在 20 ℃时的实际容积为

$$V_{20} = \frac{m}{\rho'} = \frac{24.921\ g}{0.996\ 17\ g/mL} = 25.02\ mL$$

这支移液管的校正值则为 25.02 mL − 25.00 mL = +0.02 mL。

表实验 4-1　容量器皿校准用纯水的表观密度*

温度 t/℃	表观密度 ρ' /(g/mL)	温度 t/℃	表观密度 ρ' /(g/mL)	温度 t/℃	表观密度 ρ' /(g/mL)
10	0.998 39	20	0.997 18	30	0.994 91
11	0.998 31	21	0.997 00	31	0.994 64
12	0.998 23	22	0.996 80	32	0.994 34

续表

温度 t/℃	表观密度 ρ' /(g/mL)	温度 t/℃	表观密度 ρ' /(g/mL)	温度 t/℃	表观密度 ρ' /(g/mL)
13	0.998 14	23	0.996 60	33	0.994 06
14	0.998 04	24	0.996 38	34	0.993 75
15	0.997 93	25	0.996 17	35	0.993 45
16	0.997 80	26	0.995 93	36	0.993 12
17	0.997 65	27	0.995 69	37	0.992 80
18	0.997 51	28	0.995 44	38	0.992 46
19	0.997 34	29	0.995 18	39	0.992 12

* 此表是利用容器校准公式得到的数据，也就是通过计算20℃时容量为1 mL的玻璃量器在不同温度时盛纯水的质量(在空气中用黄铜砝码称量)而成。因此，只适用于在一定条件(空气密度 $\rho_A = 0.001\ 2\ g/cm^3$，砝码密度 $\rho_B = 8.0\ g/cm^3$，玻璃的体膨胀系数 $\gamma = 0.000\ 025\ ℃^{-1}$)下，用称量法测定量器20℃时的实际容量。不可将其看做水在不同温度下的密度表。

需要指出的是：校准不当和使用不当都是产生容量误差的主要原因，有时校准所产生的误差甚至可能超过量器本身的误差。所以，校准时务必仔细、正确地进行操作，尽量减小校准误差。凡要使用校准值的，其校准次数不应少于两次，且两次校准数据的偏差应不超过该量器容量允差的1/4，并取其平均值作为校准值。

2．相对校准法

容量瓶、移液管均可采用称量法校准，但在实际工作中，通常两者是配套使用的，并不一定要确知它们的准确容积，而只要知道它们之间的相对关系是否准确即可，这时可用相对校准法。例如，25 mL移液管的容积如果不等于100 mL容量瓶容积的1/4，则需要通过下述方法作相对校准。

准备一个已洗净晾干的100 mL容量瓶和一支25 mL移液

管。用移液管准确移取蒸馏水于容量瓶中,重复操作4次后,仔细观察溶液弯月面下缘是否与容量瓶上的标线相切,如不一致,则另作一标线。以后此移液管和容量瓶配套使用时,就以此标线为准。

如果需要对容量器皿的校准有更全面、更详细的了解,请参阅JJG196—90《常用玻璃量器鉴定规程》。

三、仪器

1. 分析天平。
2. 酸碱滴定管:50 mL。
3. 容量瓶:100 mL,250 mL。
4. 移液管和吸量管:25 mL,5 mL,1 mL。
5. 锥形瓶:50 mL。

四、实验步骤

1. 滴定分析器皿的准备和使用练习

按照对滴定分析器皿的要求,洗涤、准备好50 mL的酸碱滴定管各一支;100 mL和250 mL容量瓶各一只;25 mL,5 mL,1 mL移液管各一支,进行下面的操作练习。

(1) 用蒸馏水进行25 mL,5 mL,1 mL移液管或吸量管的使用练习。

(2) 用蒸馏水代替溶液进行溶液转移入容量瓶的练习。

(3) 在酸碱两支滴定管中装满蒸馏水,然后进行滴定管的读数和滴定练习。

2. 滴定管的校准

取已洗净且外面干燥的带玻璃塞的50 mL锥形瓶,在天平上称量并记录空瓶质量 m(瓶)(准确至0.001 g)。

将欲校准的滴定管注入蒸馏水至最高标线以上约5 mm处,垂直固定在滴定台上,等待30秒钟后,慢慢将液面调整至0.00刻度处。除去管尖附着的水滴,同时记录水的温度。然后开启滴定管向锥形瓶中放水，当液面降至被校刻度线以上约 5 mm 时，等待 30 秒钟，然后在 10 秒钟内将液面调节至被校刻度线 V_0，随即使锥形瓶内壁接触管尖，以接收管尖上的余滴，但注意避免锥形瓶磨口部位沾水。立即盖上瓶塞称出锥形瓶加水后的质量 m(瓶+水)。两次质量之差即为放出水的质量 m(水)。用同样的方法称量滴定管从 0 至 10 mL，20 mL，30 mL，40 mL，50 mL 各刻度线间水的质量 m(水)。用各刻度线间水的质量 m(水)除以实验水温下水的表观密度 ρ'，可得到滴定管各部分在标准温度 20 ℃时的实际容积 V_{20}。如此再重复操作一次，两次相应区间的水的质量差不应大于 0.02 g。求出平均值，并计算校准值 ΔV(即 $V_{20}-V_0$)。

现将在 21℃时校准一支滴定管的实验数据示范如下表。

V_0/mL		m(瓶)/g	m(瓶+水)/g	m(水)/g	$\overline{m}$(水)/g	V_{20}/mL	ΔV/mL
0.00~10.00	第一次	29.208	39.206	10.002	10.005	10.04	+0.04
	第二次	29.306	39.314	10.008			
0.00~20.00	第一次	28.920	48.883	19.965	19.971	20.03	+0.03
	第二次	29.652	49.629	19.977			
0.00~30.00	第一次						
	第二次						
0.00~40.00	第一次						
	第二次						
0.00~50.00	第一次						
	第二次						

根据上表，可以对滴定管各段容积进行校准。例如，用这支被

校准的滴定管进行分析时，滴定管读数用去 20.50 mL 的溶液，但经校准后，其实际用去溶液的体积应为 20.50 mL + 0.03 mL = 20.53 mL。

3. 移液管和容量瓶的相对校准

准备好洗净并干燥的 100 mL 和 250 mL 的容量瓶各一只，用 25 mL 移液管吸取 4 次和 10 次蒸馏水，分别放入 100 mL 和 250 mL容量瓶中，若蒸馏水弯月面不与标线相切，则用纸条重新作一标记，用纸条上边线替代原标线(与弯液面相切)，以后实验就以新标记为准。

五、思考题

1. 校准滴定管时，为什么锥形瓶和水的质量只需精确到 0.001 g?

2. 为什么滴定分析要用同一支滴定管或移液管？为什么滴定时每次都应从零刻度或零刻度以下附近开始？

实验五　酸碱溶液的配制、比较和标定

一、实验目的

1. 练习滴定操作,掌握确定终点的方法。

2. 熟悉甲基橙和酚酞指示剂的使用和终点的变化。掌握酸碱指示剂的选择方法。

3. 练习酸碱溶液的配制,学会酸碱溶液浓度的比较和标定的方法。

二、实验原理

浓盐酸容易挥发,NaOH 容易吸收空气中的水和二氧化碳,因此不能直接配制 HCl 和 NaOH 标准溶液,只能先配制成近似浓度的溶液,然后用基准试剂标定其准确浓度。也可用另一已知准确浓度的标准溶液滴定该溶液,然后根据消耗的体积求得该溶液的浓度。

市售 NaOH 因吸收二氧化碳常含有少量 Na_2CO_3,配制 NaOH 溶液应先将 Na_2CO_3 杂质除去,所用的蒸馏水也应煮沸除去二氧化碳。由于 Na_2CO_3 在饱和 NaOH 溶液(50%)中不溶解,所以可先将 NaOH 配成饱和溶液,静置数日,Na_2CO_3 沉淀后,取上清液稀释至一定浓度。

标定酸溶液和碱溶液所用的基准试剂有多种,下面介绍较常用的几种。

标定 NaOH 溶液,常选用邻苯二甲酸氢钾、草酸($H_2C_2O_4 \cdot 2H_2O$)。邻苯二甲酸氢钾易纯制,无结晶水,易于干燥,不吸湿,相对摩尔质量 M(204.2 g/mol)较大,可降低称量误差,是标定 NaOH 较理想

的基准试剂。反应式为

$$\text{C}_6\text{H}_4(\text{COOH})(\text{COOK}) + \text{NaOH} \rightleftharpoons \text{C}_6\text{H}_4(\text{COONa})(\text{COOK}) + \text{H}_2\text{O}$$

反应产物在水溶液中呈弱碱性,故可选酚酞为指示剂。

标定 HCl 溶液常使用无水 Na_2CO_3 或硼砂基准试剂。

Na_2CO_3 用作基准的优点是易提纯、价格便宜,缺点是相对摩尔质量较小。Na_2CO_3 易吸收空气中的水分,因此使用前应在 180 ℃干燥 2～3 小时,或在 270 ℃～300 ℃(不能超过 300 ℃)加热 1 小时,然后置于干燥器中冷却后备用。标定时以甲基橙或甲基红为指示剂。反应如下

$$Na_2CO_3 + 2HCl = 2NaCl + CO_2\uparrow + H_2O$$

硼砂($Na_2B_4O_7 \cdot 10H_2O$)用作基准的优点是相对摩尔质量 M(381.37 g/mol)较大、吸湿性小、易于制得纯品,缺点是由于含有结晶水,当相对湿度小于 39%时,会有明显的风化失水现象。因此,使用前应将硼砂保存在相对湿度为 60%的恒湿器(底部装有 NaCl 饱和溶液的干燥器)中。用硼砂标定 HCl 的反应式如下:

$$Na_2B_4O_7 + 2HCl + 5H_2O = 4H_3BO_3 + 2NaCl$$

指示剂可选用甲基橙或甲基红。

三、试剂

1. 浓盐酸:约 12 mol/L。

2. NaOH 饱和溶液:约 19 mol/L。

3. 邻苯二甲酸氢钾:基准试剂,110 ℃～120 ℃干燥 1 小时,保存在干燥器中。

4. 无水 Na_2CO_3:基准试剂,270 ℃～300 ℃干燥至质量恒定。

5. 甲基橙指示剂:2 g/L 水溶液。

6. 酚酞指示剂:2 g/L 乙醇溶液,0.2 g 指示剂溶于100 mL 60%乙醇中。

四、实验步骤

(一) 酸碱溶液的配制

1. 0.1 mol/L HCl 溶液的配制

计算出配制 500 mL 0.1 mol/L HCl 溶液所需浓盐酸(约 12 mol/L)的体积。然后用小量筒量取浓盐酸,倒入试剂瓶中,用蒸馏水稀释至 500 mL,充分摇匀。

2. 0.1 mol/L NaOH 溶液的配制

计算出配制 500 mL 0.1 mol/L NaOH 溶液所需浓 NaOH(约 19 mol/L)的体积。然后用小量筒量取浓 NaOH,倒入试剂瓶中,用蒸馏水稀释至 500 mL,充分摇匀。

(二) 酸碱溶液浓度的比较

1. 滴定前准备

(1) 取酸式滴定管,用少量配制好的 HCl 标准溶液润洗 2~3 次,然后装满 HCl 溶液,排除管尖处气泡,调节液面刻度至0.00 mL。

(2) 取碱式滴定管,用少量配制好的 NaOH 溶液润洗2~3次,然后装满 NaOH 溶液,排除管尖处气泡,调节液面刻度至0.00 mL。

2. 酸碱溶液浓度比较

(1) 取一只 250 mL 锥形瓶,洗净,从碱式滴定管中以 10 mL/min的速度(每秒 3~4 滴)放出 NaOH 溶液 25.00 mL 于锥形瓶中。加入一滴甲基橙指示剂,用 HCl 溶液滴定至溶液由黄色变橙色,准确记录消耗 HCl 溶液的体积。重复滴定几次,分别求出体积比(V_{NaOH}/V_{HCl}),直至 3 次体积比的相对偏差在 0.2% 以下。取其平均值。

(2) 数据记录和计算

记录项目 \ 滴定次数	1	2	3
V_{NaOH}/mL			
V_{HCl}/mL			
V_{NaOH}/V_{HCl}			
V_{NaOH}/V_{HCl}平均值			
相对偏差%			
相对平均偏差%			

(三) 酸碱溶液的标定

1. HCl 溶液的标定

(1) Na_2CO_3标准溶液的配制：用减量称量法在分析天平上精确称取 1.5～2 g 无水 Na_2CO_3基准试剂于小烧杯中，加入适量蒸馏水搅拌使溶解，转移到 250 mL 容量瓶中，用少量蒸馏水冲洗小烧杯 3 次，并将冲洗液完全转移到容量瓶中，再加蒸馏水稀释至刻度并充分摇匀。

(2) HCl 溶液的标定：用少量配制好的 Na_2CO_3标准溶液将移液管润洗 3 次。然后用移液管分别移取 3 份 25.00 mL Na_2CO_3标准溶液于 250 mL 锥形瓶中，各加甲基橙指示剂 1 滴，用 HCl 溶液滴定至溶液由黄色变为橙色，即为终点。要求 3 次滴定所消耗溶液的体积之间差值不超过 0.05 mL。

2. NaOH 溶液的标定

(1) 配制邻苯二甲酸氢钾标准溶液：用减量称量法在分析天平上精确称取邻苯二甲酸氢钾约 5 g 于小烧杯中，加入适量蒸馏水，小火微热溶解后，放置稍冷，然后毫无损失地转移到 250 mL 容量瓶中，用少量蒸馏水冲洗小烧杯 3 次，并将冲洗液完全转移到容量瓶中，再加蒸馏水稀释至刻度并充分摇匀。

(2) NaOH 溶液的标定：用少量配制好的邻苯二甲酸氢钾标

准溶液将移液管润洗3次。然后用移液管分别移取3份25.00 mL邻苯二甲酸氢钾标准溶液于250 mL锥形瓶中，各加酚酞指示剂2滴，用NaOH溶液滴定至溶液呈淡粉色，约30秒不退色即达终点。要求3次滴定所消耗溶液体积之间差值不超过0.05 mL。

3. 数据记录和计算

记录项目 \ 滴定次数	1	2	3
称量瓶 + Na_2CO_3总质量 m_1/g			
称量瓶 + 剩余 Na_2CO_3质量 m_2/g			
Na_2CO_3质量 m/g			
HCl终读数/mL			
HCl始读数/mL			
消耗HCl溶液体积 V/mL			
HCl标准溶液浓度 c/(mol/L)			
平均浓度 $\bar{c}$/(mol/L)			
相对偏差/%			
相对平均偏差/%			

五、思考题

1. 滴定管在装满标准溶液前为什么要用此溶液润洗2～3次？用于滴定的锥形瓶是否需要干燥？要不要用标准溶液润洗？为什么？

2. 为什么不能用直接配制法配制HCl及NaOH标准溶液？

3. 配制 HCl 及 NaOH 标准溶液用的蒸馏水体积是否需要准确量取？为什么？

4. 用邻苯二甲酸氢钾标定 NaOH 溶液时，为什么用酚酞而不用甲基橙作指示剂？

实验六　乙酰水杨酸含量的测定

一、实验目的

1. 掌握用酸碱滴定法测定弱酸含量的原理和操作方法。

2. 掌握酚酞指示剂的滴定终点。

二、实验原理

乙酰水杨酸(阿司匹林)分子结构中含有羧基,在水溶液中可离解出氢离子,$pK_a = 3.27 \times 10^{-4}$(25 ℃),故可用 NaOH 标准溶液直接滴定。滴定反应为

$$C_6H_4(COOH)(OCOCH_3) + NaOH \rightleftharpoons C_6H_4(COONa)(OCOCH_3) + H_2O$$

滴定产物使溶液呈微碱性,应选用碱性区域变色的指示剂,本实验选用酚酞为指示剂。

滴定过程中应控制温度在 10 ℃以下,以防止乙酰水杨酸水解而消耗过多的 NaOH 使分析结果偏高。

乙酰水杨酸微溶于水(20 ℃时 100 mL 水溶解 0.25 g 乙酰水杨酸),易溶于有机溶剂。因此,实验中用乙醇作溶剂。此外,乙醇极性小,又可防止乙酰水杨酸水解。

注:直接滴定法仅适用于乙酰水杨酸原料药,因为药片中一般都含有淀粉等不溶物,尤其在冷乙醇中更不易溶解完全,无法准确滴定。为此,可利用上述水解反应,采用返滴法进行测定。药片研碎后,加入过量的 NaOH 标准溶液,加热使其水解完全,再用 HCl 标准溶液回滴,用酚酞作指示剂,滴定至粉红色刚刚消失为终点。

乙酰水杨酸的摩尔质量为 180.15 g/mol。

三、试剂

1．NaOH 标准溶液：配制及标定见实验五。

2．邻苯二甲酸氢钾：基准试剂，110 ℃～120 ℃干燥 1 小时，保存在干燥器中。

3．乙酰水杨酸：原料药。

4．饱和 NaOH 溶液：19 mol/L。

5．酚酞指示剂：2 g/L，配制方法见实验五。

6．中性乙醇：制备方法：在 40 mL 95％乙醇中加入 8 滴酚酞指示剂，于水浴中煮沸 30 秒钟，趁热用 0.1 mol/L NaOH 溶液滴定至粉红色出现并持续 30 秒钟不退色为止，贮存于磨口塞试剂瓶中。

四、实验步骤

用分析天平分别称取 0.4 g 左右的乙酰水杨酸试样 3 份于 250 mL 锥形瓶中，每份加中性乙醇 10 mL 溶解。用0.1 mol/L NaOH 标准溶液滴定至淡粉红色，30 秒不退色，即为终点。计算乙酰水杨酸的含量，要求 3 次测定结果的相对平均偏差不大于 0.2％。

注：中性乙醇制备时已加入酚酞指示剂，滴定时不需再加指示剂。

五、数据处理

	1	2	3
称量瓶＋试样的质量 m_1/g			
称量瓶＋试样的质量 m_2/g			
乙酰水杨酸质量 m/g			
消耗 NaOH 标准溶液 V/mL			
c(NaOH)/(mol/L)			
乙酰水杨酸质量分数 w/％			
平均值 $\overline{w}$/％			

六、注意事项

1．试样为极细粉末，称量时注意防止飞散。

2．实验中应尽量少用水，洗净的锥形瓶应倒置沥干再用。近终点时，不用水而用中性乙醇淋洗锥形瓶内壁。

3．滴定速度稍快，注意摇瓶，防止局部过浓。

七、思考题

1．NaOH 滴定乙酰水杨酸，属于哪一类滴定？如果测定苯甲酸的含量，应采用何种方法？

2．实验中为什么使用乙醇为溶剂？

3．采用返滴法测定药片中的乙酰水杨酸含量时，能否用甲基橙、甲基红等指示剂？

实验七　混合碱的分析(双指示剂法)

一、实验目的

1. 学会双指示剂法测定混合碱中各组分含量的原理和方法

2. 熟悉混合指示剂的使用,了解其优点。

二、实验原理

混合碱是指 Na_2CO_3 与 NaOH 或 $NaHCO_3$ 与 Na_2CO_3 的混合物。欲测定混合碱中各组分的含量,可用 HCl 标准溶液滴定,根据滴定过程中 pH 变化的情况,选用两种不同的指示剂分别指示第一、第二计量点,常称为“双指示剂法”。

在混合碱试液中加入酚酞指示剂(变色 pH 范围为 8.0～10.0),此时呈现红色。用 HCl 标准溶液滴定时,溶液由红色变为无色,此时试液中所含 NaOH 完全被滴定,所含 Na_2CO_3 被滴定至 $NaHCO_3$,消耗 HCl 溶液的体积为 V_1,反应式为

$$NaOH + HCl = NaCl + H_2O$$

$$Na_2CO_3 + HCl = NaCl + NaHCO_3$$

再加入甲基橙指示剂(变色 pH 范围为 3.1～4.4),继续用 HCl 标准溶液滴定,使溶液由黄色突变为橙色即为终点。此时所消耗 HCl 溶液的体积为 V_2,反应式为

$$NaHCO_3 + HCl = NaCl + CO_2\uparrow + H_2O$$

根据 V_1, V_2 可分别计算混合碱中 NaOH 与 Na_2CO_3 或 $NaHCO_3$ 与 Na_2CO_3 的含量。

由于第一计量点时,用酚酞指示终点,颜色由红色变为无色,变化不很敏锐,因此常选用甲酚红和百里酚蓝混合指示剂。此混

合指示剂酸色为黄色,碱色为紫色,变色点 pH=8.3,pH=8.2 为玫瑰色,pH=8.4 为清晰的紫色。用 HCl 标准溶液滴定到溶液由紫色变为粉红色(用新配制相近浓度的 $NaHCO_3$ 溶液作参比溶液对照),记下消耗 HCl 溶液的体积 V_1(此时 pH 约为 8.3),再加入甲基橙指示剂,继续滴定到溶液由黄色变为橙色即为终点,记下体积 V_2。然后计算各组分的含量。

当 $V_1 > V_2$ 时,试样为 Na_2CO_3 与 NaOH 的混合物。滴定 Na_2CO_3 所需 HCl 是分两次加入的,两次用量应该相等,Na_2CO_3 所消耗 HCl 的体积应为 $2V_2$。而滴定 NaOH 时所消耗的 HCl 量应为 $(V_1 - V_2)$,故 NaOH 和 Na_2CO_3 的含量应分别为

$$w(\mathrm{NaOH}) = \frac{(V_1 - V_2) \times 10^{-3} \times c(\mathrm{HCl}) \times M(\mathrm{NaOH})}{m_{\text{试样}} \times 25/250}$$

$$w(\mathrm{Na_2CO_3}) = \frac{V_2 \times 10^{-3} \times c(\mathrm{HCl}) \times M(\mathrm{Na_2CO_3})}{m_{\text{试样}} \times 25/250}$$

当 $V_1 < V_2$ 时,试样为 Na_2CO_3 与 $NaHCO_3$ 的混合物,此时 V_1 为滴定 Na_2CO_3 至 $NaHCO_3$ 时所消耗的 HCl 溶液体积,故 Na_2CO_3 所消耗 HCl 溶液的体积为 $2V_1$,滴定 $NaHCO_3$ 所用 HCl 的体积应为 $(V_2 - V_1)$,两组分含量的计算式分别为

$$w(\mathrm{NaHCO_3}) = \frac{(V_2 - V_1) \times 10^{-3} \times c(\mathrm{HCl}) \times M(\mathrm{NaHCO_3})}{m_{\text{试样}} \times 25/250}$$

$$w(\mathrm{Na_2CO_3}) = \frac{V_1 \times 10^{-3} \times c(\mathrm{HCl}) \times M(\mathrm{Na_2CO_3})}{m_{\text{试样}} \times 25/250}$$

三、试剂

1. HCl 溶液:约 0.2 mol/L 。
2. 无水 Na_2CO_3:基准试剂,270 ℃~300 ℃干燥至质量恒定。
3. 酚酞指示剂:2 g/L 乙醇溶液,配制方法见实验五。
4. 甲基橙指示剂:2 g/L 水溶液。
5. 混合指示剂:0.1 g 甲酚红溶于 100 mL 50%乙醇中;0.1 g

百里酚蓝指示剂溶于 100 mL 20% 乙醇中。1 g/L 甲酚红和 1 g/L 百里酚蓝按 1:6 体积比混合。

6. 混合碱试样。

四、实验步骤

1. 0.2 mol/L HCl 溶液的配制与标定

方法见实验五，基准试剂用量可根据溶液浓度适当调整。

2. 混合碱的分析

(1) 双指示剂法：准确称取试样 2.0～2.5 g，于 100 mL 烧杯中，加水溶解后，转移到 250 mL 容量瓶中，用少量蒸馏水冲洗小烧杯 3 次，并将冲洗液转移到容量瓶中，加水稀释至刻度，充分摇匀。分别移取试液 25.00 mL 3 份于 250 mL 锥形瓶中，加酚酞指示剂 2～3 滴，用 HCl 标准溶液滴定溶液由红色恰好退至无色，记下所消耗 HCl 标准溶液的体积 V_1，再加入甲基橙指示剂 1～2 滴，继续用 HCl 标准溶液滴定，溶液由黄色突变为橙色时，消耗 HCl 的体积记为 V_2。然后计算混合碱中各组分的含量。相对平均偏差不应大于 0.5%。

(2) 混合指示剂法：准确称取试样 2.0～2.5 g，倒入 100 mL 烧杯中，加水溶解后，转移到 250 mL 容量瓶中，用少量蒸馏水冲洗小烧杯 3 次，并将冲洗液完全转移到容量瓶中，加水稀释至刻度，充分摇匀。平行移取试液 25.00 mL 3 份于 250 mL 锥形瓶中，加 5 滴混合指示剂，用 HCl 标准溶液滴定，溶液由紫色变为粉红色(以白瓷板或白纸为背景从侧面观察。或取新配制近似浓度的 $NaHCO_3$ 溶液，在其中加 5 滴指示剂为参比溶液对照)，记下消耗 HCl 溶液的体积 V_1。再加入 1～2 滴甲基橙指示剂，继续用 HCl 标准溶液滴定，溶液由黄色变为橙色时，记下所消耗 HCl 标准溶液的体积 V_2。按公式计算各组分的含量。相对平均偏差不应大于 0.5%。

五、思考题

1．实验数据的统计处理练习：

(1) 将实验结果用平均值的置信区间表示(95%置信度)。

(2) 用 F 检验法和 t 检验法，比较两组同学的实验结果有无显著性差异(95%置信度)。

(3) 综合全班(或更多)实验结果，用 G 检验法去掉可疑值(95%置信度)。

2．欲测定混合碱中总碱度，应选用何种指示剂？

3．采用双指示剂法测定碱试样，试判断下列5种情况，碱试样中存在的成分是什么？

(1) $V_1=0$ (2) $V_2=0$ (3) $V_1>V_2$ (4) $V_1<V_2$ (5) $V_1=V_2$

4．无水 Na_2CO_3 保存不当，吸水1%，用此基准试剂标定 HCl 溶液浓度时，其结果有何影响？对试样测定结果有何影响？

实验八　EDTA溶液的配制和标定

一、实验目的

1. 学会EDTA溶液的配制和标定方法。
2. 了解配位滴定的基本过程。
3. 掌握应用铬黑T或二甲酚橙指示剂的条件和方法。

二、实验原理

EDTA常因为吸附约0.3%的水分和含有少量杂质而不能直接配制成标准溶液。一般是先配制成近似浓度，再用基准试剂标定。为防止EDTA与玻璃成分中的Ca^{2+}作用，使溶液浓度降低，配好的EDTA溶液最好贮存在聚乙烯塑料瓶中。标定EDTA的基准试剂有纯锌、铜、氧化锌、碳酸钙等，一般多采用纯锌或氧化锌基准试剂标定，但为减小误差、提高分析结果的准确度，尽可能做到标定条件和测定条件一致。

EDTA标准溶液用于测定Bi^{3+}，Pb^{2+}离子时，宜用ZnO或金属锌作基准试剂标定，在pH为5～6的溶液中，以二甲酚橙为指示剂进行滴定，其标定反应为

滴定前　　$Zn^{2+} + XO \longrightarrow Zn—XO$

　　　　　　　　亮黄色　　紫红色

滴定过程　$Zn^{2+} + H_2Y^{2-} \longrightarrow ZnY^{2-} + 2H^+$

滴定终点　$Zn—XO + H_2Y^{2-} \longrightarrow ZnY^{2-} + XO + 2H^+$

　　　　　紫红色　　　　　　　　　　　亮黄色

EDTA标准溶液若用于测定Ca^{2+}，Mg^{2+}离子，则用$CaCO_3$作基准试剂标定，在pH=10的氨性缓冲溶液中，用铬黑T作指示剂

进行滴定。但铬黑 T 指示剂与 Ca^{2+} 的显色灵敏性较差，终点变色不敏锐，因此要在氨性缓冲溶液中加入一定量的 MgY。在滴定时，Ca^{2+} 定量置换出 MgY 中的 Mg^{2+}，而 Mg^{2+} 与铬黑 T 显色灵敏，提高了滴定终点变色的敏锐性。

滴定前 $Ca^{2+} + MgY^{2-} = CaY^{2-} + Mg^{2+}$

$Mg^{2+} + HIn^{2-} = MgIn^{-} + H^{+}$

纯蓝色　酒红色

滴定过程 $Ca^{2+} + H_2Y^{2-} = CaY^{2-} + 2H^{+}$

滴定终点 $MgIn^{-} + H_2Y^{2-} = MgY^{2-} + HIn^{2-} + H^{+}$

酒红色　纯蓝色

加入的 MgY，经过两次置换，终点时又生成等量的 MgY，因此不影响滴定的准确度。

三、试剂

1．HCl：6 mol/L，取 500 mL 市售浓盐酸加水稀释至 1 L。

2．$CaCO_3$ 固体：基准试剂，120 ℃干燥 2 小时。

3．ZnO 固体：基准试剂，800 ℃灼烧至质量恒定。

4．$Na_2H_2Y \cdot 2H_2O$ 固体：A.R。

5．二甲酚橙指示剂：2 g/L 水溶液，低温保存，有效期半年。

6．铬黑 T 指示剂：0.5 g 铬黑 T 加 75 mL 三乙醇胺、25 mL 无水乙醇。低温保存，有效期 3 个月。

7．NH_3—NH_4Cl 缓冲溶液（pH＝10）：称取 54 g NH_4Cl 溶于少量水，加 394 mL 浓氨水，加 MgY 溶液，加水稀释至 1 L。

MgY 溶液的配制：称取 0.25 g $MgCl_2 \cdot 6H_2O$ 置于 200 mL 烧杯中，加少量水溶解后，加 50 mL pH＝10 的 NH_3—NH_4Cl 缓冲溶液，加 4～5 滴铬黑 T 指示剂，用 0.02 mol/L EDTA 溶液滴定至溶液由酒红色变为蓝色即达终点。此时镁离子全部与 EDTA 生成 MgY，将此溶液全部倾入上述缓冲溶液中。

8. 六次甲基四胺溶液:200 g/L 水溶液。

9. 氨水:6 mol/L。

四、实验步骤

(一) 0.02 mol/L EDTA 溶液的配制

在托盘天平上称取约 3.8 g 乙二胺四乙酸二钠盐于烧杯中,加少量蒸馏水加热溶解。稀释至 500 mL,贮存在聚乙烯塑料瓶中。

(二) 用 ZnO 基准试剂标定 EDTA 溶液

1. 锌标准溶液的配制

准确称取 800 ℃灼烧至质量恒定的基准试剂 ZnO 0.4 g 于 100 mL 烧杯中,先用少量水润湿,滴加 6 mol/L HCl 10 mL,盖上表面皿,待完全溶解后吹洗表面皿,洗液接收入烧杯中,并将溶液定量转移到 250 mL 容量瓶中,用水稀释至刻度,摇匀。

2. EDTA 溶液的标定

用 25 mL 移液管移取 25.00 mL Zn^{2+} 标准溶液 3 份于 3 只 250 mL 锥形瓶中,加 30 mL 蒸馏水,再加 2～3 滴二甲酚橙指示剂,先用 6 mol/L 氨水调溶液由黄色刚刚变为橙色(不能多加),然后滴加 200 g/L 的六次甲基四胺溶液至呈稳定的紫红色,再多加 5 mL,用待标定的 EDTA 溶液滴定至溶液由紫红色变为亮黄色即达滴定终点。根据滴定时用去的 EDTA 溶液的体积及 ZnO 的质量计算 EDTA 溶液的准确浓度。

$$c(\text{EDTA}) = \frac{m(\text{ZnO}) \times \frac{25}{250}}{M(\text{ZnO}) \cdot V(\text{EDTA})} \times 1\,000$$

3 次滴定结果的相对平均偏差应不大于 0.2%。

(三) 用 $CaCO_3$ 基准试剂标定 EDTA 溶液

1. $CaCO_3$ 标准溶液的配制

准确称取在 120 ℃烘干过的基准 $CaCO_3$ 约 0.5 g,于250 mL

烧杯中用少量水润湿，盖上表面皿，慢慢滴加 6 mol/L HCl 10 mL，直至完全溶解并加热至沸，加少量水稀释，并用洗瓶以蒸馏水冲洗烧杯和表面皿内壁，然后定量转移到 250 mL 容量瓶中，稀释至刻度，摇匀。

2．EDTA 溶液的标定

用 25 mL 移液管移取 25.00 mL $CaCO_3$标准溶液 3 份于 3 只 250 mL 锥形瓶中，各加水 25 mL，加 10 mL NH_3—NH_4Cl 缓冲溶液，加 2～3 滴铬黑 T 指示剂，分别用配制好的 0.02 mol/L EDTA 溶液滴定，至溶液由酒红色变为纯蓝色即达滴定终点。记录用去的 EDTA 溶液的体积，按下式计算 EDTA 溶液的准确浓度。

$$c(\mathrm{EDTA})=\frac{\dfrac{m(\mathrm{CaCO_3})}{M(\mathrm{CaCO_3})}\times\dfrac{25}{250}\times 1\,000}{V(\mathrm{EDTA})}$$

3 次滴定结果的相对平均偏差不应大于 0.2%。

五、思考题

1．配制 EDTA 标准溶液为什么用 $Na_2H_2Y\cdot 2H_2O$ 而不用乙二胺四乙酸？

2．用盐酸溶解 $CaCO_3$时为什么要先用水润湿，为什么要盖表面皿，为什么要用水冲洗烧杯和表面皿内壁？

3．在 NH_3—NH_4Cl 缓冲溶液中为什么要加 MgY？加 MgY 后为什么对滴定的结果没有影响？

4．在 pH 为 5～6 的缓冲溶液中用 ZnO 或纯锌标定 EDTA 标准溶液，能否用铬黑 T 作指示剂？为什么？用 $CaCO_3$标定，能否在 pH 为 5～6 的缓冲溶液中进行？为什么？

实验九　水的总硬度的测定及水中钙、镁含量的分别测定

一、实验目的

1. 进一步熟悉配位滴定的过程和指示剂的使用。

2. 学会利用配位滴定原理测定水的总硬度的方法。

3. 学会 Ca^{2+}, Mg^{2+} 共存时分别测定 Ca^{2+}, Mg^{2+} 含量的方法。

二、实验原理

水的硬度测定分为水的总硬度和钙镁硬度两种，前者是测定 Ca^{2+}, Mg^{2+} 的总量，后者则是分别测定 Ca^{2+}, Mg^{2+} 含量。水样中含有 HCO_3^-，为防止在以后加入缓冲液时生成碳酸盐沉淀，而使 Ca^{2+} 的结果偏低（$Ca^{2+} + HCO_3^- + OH^- = CaCO_3\downarrow + H_2O$），一般先用盐酸使水样酸化并加热，使 HCO_3^- 分解，然后在 pH = 10 的氨性缓冲溶液中，以铬黑 T 作指示剂，用 EDTA 标准溶液滴定 Ca^{2+}, Mg^{2+} 总量。

滴定前　$Mg^{2+} + HIn^{2-} = MgIn^- + H^+$

　　　　　　　纯蓝色　　酒红色

滴定过程　$Ca^{2+} + H_2Y^{2-} = CaY^{2-} + 2H^+$

　　　　　$Mg^{2+} + H_2Y^{2-} = MgY^{2-} + 2H^+$

滴定终点　$MgIn^- + H_2Y^{2-} = MgY^{2-} + HIn^{2-} + H^+$

　　　　　酒红色　　　　　　　　　纯蓝色

滴定时水中微量杂质 Al^{3+}, Fe^{3+} 的干扰可加三乙醇胺掩蔽，Cu^{2+}, Pb^{2+}, Zn^{2+} 等重金属离子可加 Na_2S 或 KCN 掩蔽。

世界各国表示水硬度的方法不尽相同。我国采用 mmol/L 或 mg/L(以 $CaCO_3$计)为单位表示水的硬度。

分别测定 Ca^{2+} 和 Mg^{2+} 含量时,是将水样用 NaOH 溶液调节 pH>12,此时 Mg^{2+} 完全沉淀为 $Mg(OH)_2$沉淀,而 Ca^{2+} 不沉淀,加钙指示剂(NN),则 NN 与 Ca^{2+} 配位形成红色配合物,溶液显红色,用 EDTA 标准溶液滴定,Ca^{2+} 与 EDTA 配位,当滴定达到化学计量点时,EDTA 夺取 Ca—NN 配合物中的 Ca^{2+},使 NN 游离出来,溶液呈现明显蓝色,指示滴定终点到达。

$$Ca^{2+} + NN = Ca-NN$$

蓝色　　红色

$$Ca^{2+} + H_2Y^{2-} = CaY^{2-} + 2H^+$$

$$Ca—NN + H_2Y^{2-} = CaY^{2-} + NN + 2H^+$$

红色　　　　　　　　蓝色

根据 EDTA 标准溶液的浓度和用量计算 Ca^{2+} 含量。从测定的 Ca^{2+},Mg^{2+} 总量中减去 Ca^{2+} 含量,可以得到 Mg^{2+} 含量。

三、试剂

1. HCl 溶液:6 mol/L。

2. EDTA 标准溶液:0.005 mol/L,用以 $CaCO_3$ 标定的 0.02 mol/L的 EDTA 标准溶液定量稀释。

3. 三乙醇胺溶液:200 g/L 水溶液。

4. Na_2S 溶液:20 g/L 水溶液。

5. $NH_3—NH_4Cl$ 缓冲溶液(pH=10):20 g NH_4Cl 溶于水,加 100 mL 浓氨水,加水稀释至 1 L。

6. 铬黑 T 指示剂:5 g/L,0.5 g 铬黑 T 加 75 mL 三乙醇胺,再加 25 mL 无水乙醇。

7. 钙指示剂:与无水 Na_2SO_4 按 1∶100 质量比混合,研磨均匀,贮于棕色瓶中,放在干燥器内。

8．NaOH 溶液：100 g/L 水溶液。

四、实验步骤

1．水的总硬度——水中 Ca^{2+}，Mg^{2+} 总量的测定

用移液管量取水样 100 mL 3 份于 3 只 250 mL 锥形瓶中，各加 6 mol/L HCl 数滴酸化（用刚果红试纸试验，由红变蓝），微沸数分钟，冷却后加三乙醇胺溶液 5 mL 和 NH_3—NH_4Cl 缓冲溶液 10 mL及 Na_2S 溶液 1 mL，再加 2～3 滴铬黑 T 指示剂，用 EDTA 标准溶液滴定至溶液由酒红色变为纯蓝色即为滴定终点。记录用去的 EDTA 标准溶液的体积 V_1，按下式计算水的总硬度（单位分别为 mmol/L 和 mg/L）。

$$c(CaCO_3)=\frac{c(EDTA)\times V_1}{V_{水样}}\times 1\,000$$

$$\rho(CaCO_3)=\frac{c(EDTA)\times V_1\times M(CaCO_3)}{V_{水样}}\times 1\,000$$

2．水中 Ca^{2+}，Mg^{2+} 的分别测定

用移液管另取 100 mL 水样 3 份于 3 只 250 mL 锥形瓶中各加 6 mol/L HCl 数滴酸化，微沸数分钟，冷却后加 5 mL 三乙醇胺溶液和 10 mL 100 g/L 的 NaOH 溶液，使溶液 pH 达到 12～14，再加约 30 mg 钙指示剂，用 EDTA 标准溶液滴定至溶液由红色变为蓝色，即为滴定终点。记录用去 EDTA 标准溶液体积 V_2，按下式计算水样中 Ca^{2+} 的含量（mg/L）。

$$\rho(Ca)=\frac{c(EDTA)\times V_2\times M(Ca)}{V_{水样}}\times 1\,000$$

从 Ca^{2+}，Mg^{2+} 总量测定所用去的 EDTA 体积 V_1 中减去测定 Ca^{2+} 时所用去的 EDTA 体积 V_2，即为测定 Mg^{2+} 实际用去的 EDTA 体积，从而可以求出水样中 Mg 的含量（mg/L）。

$$\rho(Mg)=\frac{c(EDTA)\times(V_1-V_2)\times M(Mg)}{V_{水样}}\times 1\,000$$

五、注意事项

1. Mg^{2+} 含量很低时，终点变色不敏锐，可以预先在 NH_3—NH_4Cl缓冲溶液中加入适量的 MgY。

2. 三乙醇胺作掩蔽剂掩蔽 Al^{3+}, Fe^{3+}，必须在酸性溶液中加入，然后再调节溶液 pH 至碱性，否则掩蔽效果不佳。

3. 若用 KCN 掩蔽 Cu^{2+}, Zn^{2+} 等离子，必须在碱性溶液中使用，若在酸性溶液中使用，则易产生剧毒的挥发性 HCN，造成危害。

4. 测定 Ca^{2+} 时，加 NaOH 生成 $Mg(OH)_2$沉淀，若沉淀量多则可能吸附 Ca^{2+}，使 Ca^{2+} 测定的结果偏低，此时需加入糊精或阿拉伯树胶，消除吸附现象。糊精浓度为 50g/L，加入量约为 10 mL，并先用 EDTA 滴定至指示剂显蓝色。

六、思考题

1. 什么叫水的硬度？水的硬度有哪几种表示方式?

2. 水样滴定前为什么要先用 HCl 酸化?

实验十 胃舒平药片中铝和镁的测定

一、实验目的

1. 学会药剂测定的前处理方法。

2. 掌握沉淀分离的操作方法。

二、实验原理

胃病患者常服用的胃舒平药片主要成分为氢氧化铝、三硅酸镁及少量中药颠茄流浸膏，在制成片剂时还加了大量糊精等赋形剂。药片中Al和Mg的含量可用EDTA配位滴定法测定。为此先溶解试样，分离除去水不溶物质，然后取试液加入过量的EDTA溶液，调节pH至4左右，煮沸使EDTA与Al配位完全，再以二甲酚橙为指示剂，用Zn标准溶液返滴过量的EDTA，测出Al含量。另取试液，调节pH，将Al沉淀分离后，于pH=10的条件下以铬黑T作指示剂，用EDTA标准溶液滴定滤液中的Mg。

三、试剂

1. EDTA标准溶液：0.02 mol/L。

2. Zn标准溶液：0.02 mol/L。

3. 二甲酚橙指示剂：2 g/L水溶液，低温保存，有效期半年。

4. 六次甲基四胺溶液：200 g/L水溶液。

5. NH_3溶液：6 mol/L。

6. HCl溶液：6 mol/L。

7. 三乙醇胺溶液：350 g/L水溶液。

8. NH_3—NH_4Cl缓冲溶液（pH=10）：20 g NH_4Cl溶于水，加100 mL浓氨水，加水稀释至1 L。

9．甲基红指示剂：2 g/L 乙醇溶液，0.2 g 溶于 100 mL 质量分数为 60％的乙醇中。

10．铬黑 T 指示剂：5 g/L，0.5 g 铬黑 T 溶于含有 25 mL 三乙醇胺、75 mL 无水乙醇溶液中。低温保存，有效期约 3 个月（铬黑 T 在水溶液中稳定性较差，可以用指示剂与氯化钠按 1∶100 的质量比混合制成固体粉末）。

11．NH_4Cl 固体：A.R。

四、实验步骤

1．试样处理

取胃舒平药片 10 片，研细后，从中称出药粉 2 g 左右，加入 20 mL 6 mol/L HCl 溶液，加蒸馏水 100 mL，煮沸。冷却后过滤，并以水洗涤沉淀，收集滤液及洗涤液于 250 mL 容量瓶中，稀释至刻度，摇匀。

2．铝的测定

用移液管准确吸取上述试液 5 mL，加水至 25 mL 左右。滴加 6 mol/L NH_3溶液至刚出现混浊，再加 6 mol/L HCl 溶液至沉淀恰好溶解。准确加入 EDTA 标准溶液 25.00 mL，再加入 200 g/L 六次交甲基四胺溶液 10 mL，煮沸 10 分钟，冷却后，加入二甲酚橙指示剂 2～3 滴，以 Zn 标准溶液滴定至溶液由黄色转变为红色，即为终点。根据 EDTA 加入量与 Zn 标准溶液滴定体积，计算每片药片中 Al 的含量（以 Al_2O_3表示）。

3．镁的测定

移取试液 25.00 mL，滴加 6 mol/L NH_3溶液至刚出现沉淀，再加入 6 mol/L HCl 溶液至沉淀恰好溶解。加入固体 NH_4Cl 2 g，滴加 200 g/L 六次甲基四胺溶液至沉淀出现并再加 15 mL。加热至 80 ℃，维持 10～15 分钟。冷却后过滤，以少量蒸馏水洗涤沉淀数次。收集滤液与洗涤液于 250 mL 锥形瓶中，加入 350 g/L 三乙醇胺溶液 10 mL, $NH_3 \cdot H_2O$—NH_4Cl 缓冲溶液 10 mL 及甲基红指示剂 1 滴、铬黑 T 指示剂少许，用 EDTA 标准溶液滴定至试液由暗红色转变为蓝绿色，即为终点。计算每片药片中 Mg 的含量（以 MgO 表示）。

五、注意事项

1. 胃舒平药片试样中铝、镁含量可能不均匀，为使测定结果具有代表性，本实验取较多试样，研细后再取部分进行分析。

2. 试验结果表明，用六次甲基四胺溶液调节 pH 以分离 $Al(OH)_3$，其结果比用氨水好，可以减少 $Al(OH)_3$ 沉淀对 Mg^{2+} 的吸附。

3. 测定镁时，加入甲基红 1 滴，能使终点更为敏锐。

六、思考题

1. 本实验为什么要称取大样溶解后再取部分试液进行滴定？

2. 能否用 EDTA 标准溶液直接滴定铝？

3. 在分离 Al^{3+} 后的滤液中测定 Mg^{2+} 时，为什么还要加入三乙醇胺溶液？

实验十一　高锰酸钾溶液的配制和标定

一、实验目的

1．熟悉 $KMnO_4$溶液的配制方法和贮存方法。

2．掌握用 $Na_2C_2O_4$标定 $KMnO_4$溶液的原理、方法和条件。

3．了解自身指示剂的使用。

二、实验原理

市售的高锰酸钾常含少量杂质，而且高锰酸钾的氧化能力强，易和水中的有机物、空气中的尘埃、氨等还原性物质作用，因此不能用精确称量的高锰酸钾直接配制准确浓度溶液。只能先配制成近似浓度的溶液，然后用基准试剂标定。此外，高锰酸钾溶液在热和光的辐射下还能自行分解：

$$4KMnO_4 + 2H_2O = 4MnO_2\downarrow + 4KOH + 3O_2\uparrow$$

所以配好的高锰酸钾溶液应避光保存。

通常的做法是称取略多于理论计算量的 $KMnO_4$，溶解在蒸馏水中，加热至沸，并保持微沸 1 小时，然后放置 2～3 天，使各种还原性物质完全氧化，再用微孔玻璃漏斗过滤，除去析出的沉淀，将过滤后的 $KMnO_4$溶液贮存于棕色试剂瓶中，以备标定。

标定 $KMnO_4$溶液浓度的基准试剂有很多种，其中 $Na_2C_2O_4$不含结晶水、容易提纯、性质稳定，在 105 ℃～110 ℃烘干约 2 小时，冷却后，即可使用，所以最常用。

在 H_2SO_4介质中，$KMnO_4$与 $Na_2C_2O_4$的反应为

$$2MnO_4^- + 5C_2O_4^{2-} + 16H^+ = 2Mn^{2+} + 10CO_2\uparrow + 8H_2O$$

为了使这个反应能够定量地、较快地进行，应注意下列反应条

件。

(1) 温度:在室温下此反应的速度缓慢,因此应将溶液加热至 75 ℃~85 ℃时进行滴定,滴定完毕时,溶液的温度不应低于 60 ℃;但温度不宜过高,否则在酸性溶液中 $H_2C_2O_4$部分分解。

(2) 酸度:溶液应保持足够的酸度,一般在开始滴定时,溶液的酸度为 0.5~1 mol/L,滴定终了时酸度为 0.2~0.5 mol/L。酸度不够时往往容易生成 MnO_2沉淀,酸度过高时又会促进 $H_2C_2O_4$分解。

(3) 滴定速度:在滴定开始时,速度不宜太快,否则加入的 $KMnO_4$来不及与 $C_2O_4^{2-}$ 反应,会在热的酸性溶液中部分分解,影响标定准确度。

(4) 催化剂:用 $KMnO_4$溶液滴定时,开始加入的几滴溶液退色较慢,但当这几滴 $KMnO_4$与 $Na_2C_2O_4$作用完毕后,由于生成了 Mn^{2+},反应速度就逐渐加快。如果在滴定前,溶液中加入几滴 $MnSO_4$溶液,则在滴定一开始,反应就是快速的,因此 Mn^{2+} 在此反应中起着催化剂的作用。

(5) 指示剂:因为 MnO_4^- 本身有颜色,溶液中有稍过量的 MnO_4^-(约 10^{-5} mol/L)即可显示出粉红色,所以一般不必另外加入指示剂。但当 $KMnO_4$标准溶液浓度很低时,最好采用适当的氧化还原指示剂。

三、试剂和仪器

1. $KMnO_4$固体:A.R。

2. $Na_2C_2O_4$:基准试剂,150 ℃~200 ℃干燥 1~1.5 小时后,放入干燥器中保存。

3. H_2SO_4溶液:6 mol/L。

四、实验步骤

1. 0.02 mol/L $KMnO_4$溶液的配制

称取 $KMnO_4$约 1.5 g 于烧杯中，加蒸馏水 500 mL，盖上表面皿，加热至沸并保持微沸状态 1 小时，静置 2 日以上，用 P16(G_4)微孔玻璃漏斗过滤，除去析出的沉淀，滤液置于带有玻璃塞的棕色试剂瓶中，于暗处密闭保存。

2. 0.02 mol/L $KMnO_4$溶液的标定

准确称取 3 份在 105 ℃～110 ℃干燥的基准试剂 $Na_2C_2O_4$ 约 0.2 g，分别置于 250 mL 的锥型瓶中，加蒸馏水 60 mL 使其溶解，再加 6 mol/L H_2SO_4溶液 15 mL，并加热至 75 ℃～85 ℃（瓶子冒热气但不沸腾），趁热用 $KMnO_4$溶液滴定，开始滴定速度要慢，待溶液中产生了 Mn^{2+} 后能起催化作用时，可加快滴定速度，一直小心滴定至溶液呈微红色，并保持 30 秒钟不退色，即达到终点。记录 $V(KMnO_4)$，并用下式计算 $KMnO_4$的浓度。相对平均偏差不应大于 0.2%。

$$c(KMnO_4)=\frac{\frac{2}{5}\times\frac{m(Na_2C_2O_4)}{M(Na_2C_2O_4)}\times 1\ 000}{V(KMnO_4)}$$

五、思考题

1. 为什么用 H_2SO_4来调节溶液的酸度？用 HCl 或 HNO_3可以吗？

2. 为什么对 $KMnO_4$溶液要过滤后再保存？过滤时为什么不用滤纸？

3. 为什么要把 $KMnO_4$溶液保存在带有玻璃塞的棕色试剂瓶中？滴定时应把 $KMnO_4$溶液放在哪种滴定管中？

4. 为什么滴定至溶液呈微红色并保持 30 秒不退色即可认为滴定已到达终点？

实验十二　过氧化氢含量的测定

一、实验目的

1. 学会用高锰酸钾法测定过氧化氢的原理和方法。

2. 掌握液体试样的取样和稀释的方法。

二、实验原理

室温条件下，在 H_2SO_4溶液中，H_2O_2能定量的被 $KMnO_4$氧化而生成 O_2和 H_2O，其反应式如下：

$$5H_2O_2 + 2MnO_4^- + 6H^+ = 2Mn^{2+} + 5O_2\uparrow + 8H_2O$$

开始滴定时，反应速度较慢，初滴入的几滴 $KMnO_4$不易退色，待 Mn^{2+}生成后，由于 Mn^{2+}的催化作用，加快了反应速度，使之能较快地滴定。

若市售 H_2O_2中加有少量乙酰苯胺或尿素等作稳定剂，它们也有还原性，妨碍测定。在这种情况下，应采用碘量法测定。

三、试剂

1. $KMnO_4$标准溶液：0.02 mol/L。

2. H_2SO_4：6 mol/L。

3. H_2O_2：30%。

四、实验步骤

用移液管精确移取 1.00 mL H_2O_2试样于 250 mL 容量瓶中，加蒸馏水稀释至刻度，摇匀备用。然后用 25 mL 移液管准确移取上述溶液 25.00 mL 3 份分别置于 250 mL 锥型瓶中，各加水 50 mL，加 6 mol/L H_2SO_4 15 mL，用标定后的 $KMnO_4$标准溶液滴定至粉红色在 30 秒钟之内不退色即为滴定终点。记录消耗的 $KMnO_4$标准溶液的体积，H_2O_2的含量(g/mL)按下式计算，计算结果相对平均偏差不应大于 0.2%。

$$\rho(H_2O_2)=\frac{\frac{5}{2}\times c(KMnO_4)\times V(KMnO_4)\times M(H_2O_2)/1\,000}{V(H_2O_2)\times\frac{25}{250}}$$

五、思考题

1. 除用高锰酸钾法外，还可以用什么方法测定过氧化氢的含量？举例说明。

2. 用高锰酸钾法测定过氧化氢的含量时，能否用加热的方法来加快反应速度？为什么？

实验十三　硫代硫酸钠溶液的配制和标定

一、实验目的

1. 学会 $Na_2S_2O_3$溶液配制和标定方法。

2. 了解间接碘量法的过程，掌握碘量瓶的正确使用方法。

二、实验原理

市售 $Na_2S_2O_3$ 常含有少量杂质，容易风化或潮解，并且 $Na_2S_2O_3$溶液不稳定，易受空气和微生物等的作用而分解，因此 $Na_2S_2O_3$标准溶液不能用直接法配制。

硫代硫酸钠标准溶液常用 $Na_2S_2O_3 \cdot 5H_2O$ 配制成近似浓度的溶液，再以基准试剂如 KIO_3，$KBrO_3$，$K_2Cr_2O_7$，升华碘、纯铜等标定。通常多用 $K_2Cr_2O_7$ 进行标定。在酸性溶液中，一定量的 $K_2Cr_2O_7$使过量 KI 氧化析出相当量的碘，然后用 $Na_2S_2O_3$ 溶液滴定析出的 I_2，从而确定 $Na_2S_2O_3$溶液的准确浓度。反应式为

$$Cr_2O_7^{2-} + 6I^- + 14H^+ \xlongequal{} 2Cr^{3+} + 7H_2O + 3I_2$$

$$I_2 + 2S_2O_3^{2-} \xlongequal{} 2I^- + S_4O_6^{2-}$$

第一步反应需在 0.5～1 mol/L 酸度条件下进行，且 KI 要过量。第二步反应在微酸性溶液和低温条件下进行，并应避免阳光直接照射。

三、试剂

1. $Na_2S_2O_3 \cdot 5H_2O$ 固体：A.R。

2. Na_2CO_3固体：A.R。

3. $K_2Cr_2O_7$固体：基准试剂，研细，100 ℃～110 ℃干燥 3～4

小时，放入干燥器中保存。

4．KI 溶液：200 g/L 水溶液。

5．HCl 溶液：6 mol/L。

6．淀粉指示剂：5 g/L 水溶液，称取 0.5 g 可溶性淀粉，用少量水搅匀，加入 100 mL 沸水，搅匀。若需放置，可加少量 HgI_2 或 H_3BO_3 作防腐剂。

四、实验步骤

1．0.1 mol/L $Na_2S_2O_3$ 溶液的配制

称取 $Na_2S_2O_3 \cdot 5H_2O$ 125 g 溶于新煮沸并冷却的蒸馏水中，加 0.1 g Na_2CO_3，再用新煮沸并冷却的蒸馏水稀释至 500 mL，储于棕色瓶中，放置 7～10 天后标定。

2．$Na_2S_2O_3$ 溶液的标定

准确称取研细并在 120 ℃ 干燥恒重的基准试剂 $K_2Cr_2O_7$ 约 0.15 g 3 份于 250 mL 的碘量瓶中，各加 30 mL 蒸馏水溶解，再加 200 g/L KI 溶液 5 mL，立即加入 6 mol/L HCl 溶液 8 mL，密塞摇匀，水封后放暗处 5 分钟使反应完全。取出，加蒸馏水 50 mL 稀释，立即用待标定的 $Na_2S_2O_3$ 标准溶液滴定，至近终点时（深棕色的碘溶液颜色变浅）加淀粉指示剂 2 mL，继续滴定至溶液由深蓝色变为亮绿色（Cr^{3+} 离子的颜色）即达滴定终点。按下式计算 $Na_2S_2O_3$ 溶液的准确浓度，相对平均偏差不应超过 0.2%。

$$c(Na_2S_2O_3) = \frac{6 \times \dfrac{m(K_2Cr_2O_7)}{M(K_2Cr_2O_7)} \times 1\,000}{V(Na_2S_2O_3)}$$

五、思考题

1．配制 $Na_2S_2O_3$ 溶液的蒸馏水为什么应是新煮沸过并冷却的蒸馏水？为什么要加入无水 Na_2CO_3？

2．为什么 $K_2Cr_2O_7$ 与 KI 的反应要在暗处放置 5 分钟？若放

置时间过短将会有什么影响？对结果将产生怎样影响？

3．用 $K_2Cr_2O_7$ 标定 $Na_2S_2O_3$ 溶液时，在滴定前为什么要加大量蒸馏水稀释？为什么淀粉指示剂应在近终点时加入？

实验十四　维生素 C 含量的测定

一、实验目的

1. 掌握碘溶液的配制和标定方法。

2. 学会用直接碘量法测定维生素 C 含量。

二、实验原理

用升华法制得的纯碘可以直接用于配制标准溶液。但由于碘在室温下易挥发,影响准确称量,且腐蚀天平,因此,配制碘标准溶液多采用标定法。基准试剂可以用 As_2O_3,反应为

$$As_2O_3 + 6NaOH = 2Na_3AsO_3 + 3H_2O$$

$$AsO_3^{3-} + I_2 + H_2O = AsO_4^{3-} + 2I^- + 2H^+$$

第一步反应是将 As_2O_3 溶解,过量的 NaOH 可用 HCl 中和,再加 $NaHCO_3$ 使溶液的 pH 保持 8 左右,然后进行第二步的标定反应。

本实验用 $Na_2S_2O_3$ 标准溶液标定碘溶液,其标定反应为

$$I_2 + 2S_2O_3 = 2I^- + S_4O_6^{2-}$$

维生素 C 分子中的烯二醇基可被 I_2 氧化成二酮基

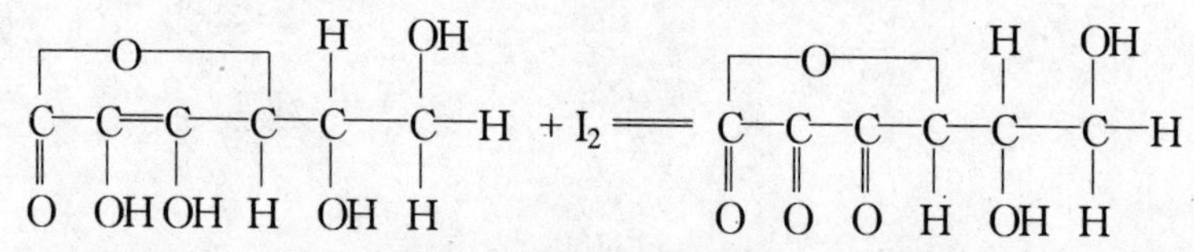

此反应进行很完全,可用于测定维生素 C 的含量。反应常在稀醋酸溶液中进行,在碱性条件下,维生素 C 极易被空气或其他氧化剂氧化。

三、试剂

1. I_2固体:A.R。

2. KI 固体:A.R。

3. 浓 HCl:12 mol/L。

4. HCl 溶液:6 mol/L。

5. $Na_2S_2O_3$标准溶液:0.10 mol/L。

6. 维生素 C:A.R。

7. 淀粉指示剂:5 g/L 水溶液,称取 0.5 g 可溶性淀粉,用少量水搅匀,加入 100 mL 沸水,搅匀。若需放置,可加少量 HgI_2或H_3BO_3作防腐剂。

8. 稀 HAc:6 mol/L。

四、实验步骤

1. 0.05 mol/L I_2溶液的配制

称取 6.5 g 再升华的碘片及 17.5 g 碘化钾,溶于 100 mL 水中,加入 3 滴浓盐酸并用水稀释至 500 mL,摇匀,必要时过滤,保存于棕色试剂瓶中。

2. I_2溶液的标定

用移液管准确移取 I_2溶液 25.00 mL 3 份于 250 mL 锥形瓶中,各加蒸馏水 100 mL 及 6 mol/L HCl 5 mL,用0.100 0 mol/L的$Na_2S_2O_3$标准溶液滴定,至接近终点(呈淡黄色)时,加入淀粉指示剂 2 mL,继续滴定至蓝色消失。根据消耗的 $Na_2S_2O_3$标准溶液的体积和已知的准确浓度,按下式可以计算出 I_2溶液的浓度,相对平均偏差不应大于 0.2%。

$$c(I_2)=\frac{c(Na_2S_2O_3)\times V(Na_2S_2O_3)}{2\times V(I_2)}$$

3. 维生素 C 含量的测定

准确称取维生素 C 试样 0.2 g 左右 3 份于 250 mL 锥形瓶中,

各加新煮沸并冷却的蒸馏水 100 mL 及 6 mol/L 的稀 HAc 10 mL，摇动使溶解，加淀粉指示剂 2 mL，立即用 I_2标准溶液滴定，直至溶液显示持续的蓝色。根据下式计算维生素 C(Vc)的含量，相对平均偏差不应大于 0.2%。

$$w(\mathrm{Vc})=\frac{c(\mathrm{I_2})\times V(\mathrm{I_2})\times M(\mathrm{Vc})}{1\ 000\times m_{\text{样品}}}$$

五、思考题

1. 在配制 I_2溶液时，为什么必须把碘先溶解在 KI 溶液中，然后再稀释？

2. 为什么测定维生素 C 含量时，一定要用新煮沸并冷却的蒸馏水来稀释试样？

3. 如果测定维生素 C 含量时，试样中含有少量的还原性杂质对测定结果有何影响？

实验十五　硝酸银溶液的配制和标定(莫尔法)

一、实验目的

1. 学会银量法中硝酸银溶液的配制和标定方法。
2. 掌握莫尔法确定终点的方法。

二、实验原理

银量法是以生成微溶性银盐反应为基础的沉淀滴定法。其确定终点的方法有莫尔法(Mohr 法)、佛尔哈德法(Volhard 法)、法扬斯法(Fajans 法)。本实验中标定 $AgNO_3$溶液用莫尔法。莫尔法是在中性或弱碱性溶液中,以 K_2CrO_4为指示剂,用$AgNO_3$标准溶液滴定。由于 AgCl 沉淀的溶解度比 Ag_2CrO_4小,因此,溶液中首先析出 AgCl 沉淀。当 AgCl 定量沉淀后,过量一滴$AgNO_3$溶液,Ag^+即与 CrO_4^{2-} 生成砖红色 Ag_2CrO_4沉淀,指示达到终点。反应式如下:

$$Ag^+ + Cl^- = AgCl\downarrow(白色), \qquad K_{sp} = 1.8\times10^{-10}$$

$$2Ag^+ + CrO_4^{2-} = Ag_2CrO_4\downarrow(砖红色) \qquad K_{sp} = 1.1\times10^{-12}$$

滴定必须在中性或弱碱性中进行,最适宜 pH 范围为 6.5～10.5。如果有铵盐存在,溶液的 pH 需控制在 6.5～7.2 之间。

三、试剂

1. $AgNO_3$固体:A.R。
2. K_2CrO_4指示剂:50 g/L 水溶液。
3. NaCl:基准试剂,在 500 ℃～600 ℃高温炉中灼烧半小时

(或置于瓷坩埚中,加热,并不断搅拌,待爆炸声停止后,继续加热15分钟)后放置于干燥器中冷却待用。

四、实验步骤

1. 0.05 mol/L $AgNO_3$溶液的配制

称取$AgNO_3$约2.1 g溶于250 mL蒸馏水(无Cl^-水)中并摇匀,将溶液转入棕色试剂瓶中,置暗处保存(避免$AgNO_3$溶液与皮肤接触)。

2. NaCl标准溶液的配制

准确称取0.5~0.7 g已恒重的基准NaCl,置于小烧杯中,用蒸馏水溶解后,转移至250 mL容量瓶中,稀释至刻度,摇匀。用下式计算NaCl的浓度。

$$c(\text{NaCl}) = \frac{m(\text{NaCl}) \times 1\,000}{M(\text{NaCl}) \times V(\text{NaCl})}$$

3. $AgNO_3$溶液的标定

用移液管移取25.00 mL步骤2中已配好的NaCl标准溶液于250 mL锥形瓶中,加入25 mL蒸馏水(沉淀滴定中为减少沉淀时被测离子的吸附,一般滴定的体积以大些为好,故需加水稀释试液),加入1 mL 50 g/L K_2CrO_4溶液,在不断摇动下,用$AgNO_3$溶液滴定至呈现砖红色,即为终点,平行滴定3份。按下式计算$AgNO_3$标准溶液的准确浓度。

$$c(\text{AgNO}_3) = \frac{c(\text{NaCl}) \times V(\text{NaCl})}{V(\text{AgNO}_3)}$$

五、思考题

1. 如果试剂中含有Ba^{2+},Pb^{2+},能否用莫尔法测定?为什么?

2. 为什么要将$AgNO_3$标准溶液置于棕色试剂瓶中?

3. $AgNO_3$溶液应装在酸式滴定管还是碱式滴定管中?如何正确洗涤装过$AgNO_3$的滴定管?

实验十六　生理盐水中氯化钠含量的测定(法扬斯法)

一、实验目的

掌握法扬斯法测定卤素负离子的原理和方法。

二、实验原理

法扬斯法又称吸附指示剂法,是以吸附指示剂指示滴定终点的滴定方法。吸附指示剂是一些有机染料,它们的阴离子在溶液中很容易被带正电荷的胶态沉淀所吸附,吸附后结构变形引起颜色改变。例如,用 $AgNO_3$ 滴定 Cl^-,以荧光黄作指示剂,荧光黄先在溶液中离解(pH 为 7～10):

$$HFIn \rightleftharpoons H^+ + FIn^-$$

FIn^- 在溶液中呈黄绿色。在化学计量点前 AgCl 沉淀吸附 Cl^-,这时 FIn^- 不被吸附,溶液呈黄绿色。当滴定达到化学计量点时,稍过量的 Ag^+ 被 AgCl 沉淀吸附形成 $AgCl \cdot Ag^+$,而 $AgCl \cdot Ag^+$ 强烈吸附 FIn^-,使其结构发生变化而呈粉红色,以此指示滴定终点。

$$\underset{\text{黄绿色}}{AgCl \cdot Ag^+ + FIn^-} \rightleftharpoons \underset{\text{粉红色}}{AgCl \cdot Ag^+ \cdot FIn^-}$$

三、试剂

1. $AgNO_3$ 标准溶液:0.05 mol/L。

2. 荧光黄-淀粉混合指示剂:

(1) 荧光黄指示剂:1 g/L 溶液,0.1 g 荧光黄溶于 10 mL 0.1 mol/LNaOH 溶液中,用 0.1 mol/L HNO_3 中和至中性(用 pH 试纸试验),然后用水稀释至 100 mL。

(2) 淀粉指示剂：10 g/L，1 g 淀粉用少量水调匀倒入100 mL沸水中，冷却。

(3) 荧光黄-淀粉混合指示剂：将 1 g/L 荧光黄溶液与10 g/L淀粉溶液按 1∶20 的体积比混合即得。

3. 生理盐水。

四、实验步骤

准确量取生理盐水 7.00 mL 3 份于 250 mL 锥形瓶中，加蒸馏水 20 mL，再加荧光黄-淀粉指示剂溶液 5 mL，在充分振荡下，用 $AgNO_3$ 标准溶液滴定至溶液的黄绿色消失，沉淀表面变为粉红色即达到终点。记录消耗的 $AgNO_3$ 标准溶液的体积，用下式计算氯化钠的含量(g/mL)。

$$\rho(\text{g/mL}) = \frac{c(AgNO_3)V(AgNO_3)M(NaCl)}{V_{样品} \times 1\,000}$$

五、思考题

1. 用荧光黄为指示剂时，滴定的酸度范围为什么需要控制在 pH 为 7～10?

2. 用荧光黄为指示剂测定 Cl^- 时，为什么要保持 AgCl 为胶体状态？如何保持?

注：为减小误差，测定条件和标定条件应尽可能一致。本实验旨在练习利用吸附指示剂确定终点的方法，所以实验十五 $AgNO_3$ 标准溶液的标定用莫尔法，本实验生理盐水中氯化钠含量的测定用法扬斯法。

实验十七　高氯酸溶液的配制和标定(非水滴定)

一、实验目的

1. 掌握非水溶液酸碱滴定的原理及操作。

2. 熟悉微量滴定管的使用方法。

二、实验原理

在冰醋酸中,高氯酸的酸性最强。因此,常用高氯酸作为滴定碱的标准溶液。配制标准溶液所用的高氯酸和冰醋酸均含有水分,而水的存在会影响滴定突跃,使指示剂变色不敏锐。因此,需按照水的实际数量加入相应量的醋酐使其转变成醋酸。实验所用的器皿也必须预先洗净,烘干。

标定高氯酸标准溶液常用邻苯二甲酸氢钾作基准,以结晶紫为指示剂。滴定反应如下:

$$C_6H_4(COOK)(COOH) + HClO_4 = C_6H_4(COOH)_2 + KClO_4$$

产物高氯酸钾在冰醋酸中的溶解度很小,因此滴定中有沉淀生成。

高氯酸标准溶液的浓度按下式计算:

$$c(HClO_4)=\frac{\dfrac{m(KHC_8H_4O_4)}{M(KHC_8H_4O_4)}\times 1\ 000}{V(HClO_4)}$$

式中 $V(HClO_4)$为空白校正后的体积。

三、试剂和仪器

1．高氯酸：A.R，70%～72%，相对密度1.75。

2．冰醋酸：A.R。

3．醋酐：A.R，相对密度1.08。

4．邻苯二甲酸氢钾：基准试剂，在110 ℃～120 ℃干燥至质量恒定，置于干燥器中。

5．结晶紫指示剂：5 g/L醋酸溶液，0.5 g结晶紫溶于100 mL冰醋酸中。

6．微量滴定管：10 mL。

7．锥形瓶：50 mL 3个。

8．量筒：10 mL。

四、实验步骤

1．$HClO_4$溶液的配制

取无水冰醋酸750 mL，缓慢加入高氯酸（70%～72%）8.5 mL，摇匀，在室温下缓缓滴加醋酐24 mL，边加边摇，加完后再振摇均匀，放冷，加无水冰醋酸适量使成1 000 mL，摇匀，放置24小时。若所测试样易乙酰化，则需用水分测定法测定本液的含水量，再用水和醋酐调节至本液的含水量为0.1%～0.2%。

2．$HClO_4$溶液的标定

精密称取邻苯二甲酸氢钾基准试剂约0.16 g，加醋酐-醋酸（体积比为1∶4）混合溶剂10 mL使之溶解，加结晶紫指示液1滴，用高氯酸溶液滴定至蓝色，即为终点。并将滴定结果用空白实验校正（另取醋酐-醋酸混合溶剂10 mL，加结晶紫指示液1滴，用高氯酸溶液滴定至蓝色，所消耗高氯酸溶液的体积为空白校正值）。

五、注意事项

1．配制高氯酸的冰醋酸溶液时，只能将高氯酸缓慢滴入冰醋酸中，然后滴入醋酐。不得将醋酐加入到高氯酸中（为什么？）。

2. 醋酐的相对密度按1.085计算，1 g水需要5.22 mL醋酐。

3. 滴定管应用真空脂润滑活塞。

六、思考题

1. 为什么邻苯二甲酸氢钾，既可以标定碱（NaOH溶液），又可以标定酸（$HClO_4$的冰醋酸溶液）？

2. 冰醋酸对于$HClO_4$，H_2SO_4，HCl和HNO_3 4种酸是什么溶剂？水对于它们又是什么溶剂？

实验十八　水杨酸钠含量的测定(非水滴定)

一、实验目的

1. 掌握有机酸碱金属盐的非水滴定原理。

2. 进一步巩固非水滴定操作。

二、实验原理

水杨酸钠为有机酸的碱金属盐，在水溶液中碱性较弱($cK_b<10^{-8}$)，无法直接用酸标准溶液滴定。但选择醋酐-醋酸混合溶剂，使其碱性增强，就可用高氯酸标准溶液准确滴定。滴定时，用结晶紫作指示剂。反应式为

$$HClO_4 + HAc = H_2Ac^+ + ClO_4^-$$

$$C_7H_5O_3Na + HAc = C_7H_5O_3H + Ac^- + Na^+$$

$$H_2Ac^+ + Ac^- = 2HAc$$

总反应式为

$$HClO_4 + C_7H_5O_3Na = C_7H_5O_3H + ClO_4^- + Na^+$$

水杨酸钠的含量按下式计算：

$$w(C_7H_5O_3Na) = \frac{c(HClO_4) \times V(HClO_4) \times \frac{M(C_7H_5O_3Na)}{1\,000}}{m_{样}}$$

式中 $V(HClO_4)$为空白校正后的体积。

三、试剂

水杨酸钠：药用，105 ℃干燥至质量恒定，备用。

醋酸：A.R。

醋酐:A.R,97%,相对密度1.08。

结晶紫指示液:5 g/L 醋酸溶液,配制方法参见实验十七。

四、实验步骤

准确称取水杨酸钠试样约0.13 g,置于50 mL干燥的锥形瓶中,加醋酐-醋酸(体积比为1∶4)混合溶剂10 mL使之溶解,加结晶紫指示液1滴,用高氯酸标准溶液滴定至蓝绿色。同时做空白实验,扣除空白,计算试样中水杨酸钠的含量。

五、思考题

1. 若标定标准溶液和测定试样时的温度不同应如何处理?

2. 为什么标定高氯酸溶液时终点为蓝色,而测定水杨酸钠时终点为蓝绿色?

3. 醋酸钠能否用盐酸标准溶液准确滴定? 能否用非水滴定法测定其含量? 为什么?

实验十九　磷酸的电位滴定

一、实验目的

1. 掌握电位滴定方法及确定终点的方法。

2. 学会用电位滴定法测定弱酸的 pK_a。

二、实验原理

电位滴定法是基于电位突跃来确定终点的滴定方法。进行电位滴定时，在被测溶液中插入一个指示电极和一个参比电极组成一个原电池。随着滴定剂的加入，由于发生化学反应，被测离子的浓度不断发生变化，指示电极的电位也相应地改变。在化学计量点附近离子浓度变化较大，引起电位的突跃。因此，测量电池电动势的变化就可以确定滴定终点。数据处理方法请参见与本书配套的理论教材。

与普通滴定分析相比，电位滴定操作比较麻烦，需要一定的仪器设备，但它也有其独特的优点：可用于浑浊或有色溶液的滴定，用于缺乏合适指示剂的滴定，用于测定弱酸、弱减的电离常数。

H_3PO_4是多元酸，用 NaOH 标准溶液滴定有两个突跃，第一级离解为

$$H_3PO_4 + H_2O \rightleftharpoons H_3O^+ + H_2PO_4^- \qquad K_{a_1} = \frac{[H_3O^+][H_2PO_4^-]}{[H_3PO_4]}$$

当 H_3PO_4的第一级离解的 H^+ 被滴定一半时，$[H_2PO_4^-] = [H_3PO_4]$，所以 $K_{a_1} = [H_3O^+]$，$pH = pK_{a_1}$。

第二级离解为

$H_2PO_4^- \rightleftharpoons H_2PO_4^{2-} + H_3O^+$ $\qquad K_{a_2} = \dfrac{[H_3O^+][HPO_4^{2-}]}{[H_2PO_4^-]}$

当第二级离解的 H^+ 被滴定一半时，$[H_2PO_4^-] = [HPO_4^{2-}]$，所以 $K_{a_2} = [H_3O^+]$，$pH = pK_{a_2}$。

绘制 pH-V 滴定曲线，据此可确定两个化学计量点，进而求出 H_3PO_4的准确浓度以及 K_{a_1} 和 K_{a_2}。

三、试剂及仪器

1．0.1 mol/L NaOH 标准溶液。

2．0.1 mol/L H_3PO_4溶液。

3．电磁搅拌器。

4．滴定管、移液管。

5．烧杯：100 mL。

6．pHS-3C 型精密 pH 计。

7．221 型玻璃电极。

8．222 型饱和甘汞电极。

9．甲基橙指示剂：2 g/L 水溶液。

10．酚酞指示剂：2 g/L 乙醇溶液，0.2 g 指示剂溶于100 mL 60％乙醇中。

四、实验步骤

1．pH 计的校准

用 0.05 mol/L 邻苯二甲酸氢钾标准缓冲溶液（pH = 4.00，25 ℃）按说明书对仪器进行校准。

2．磷酸的电位滴定

精密量取磷酸试样溶液 10.00 mL，置 100 mL 烧杯中，加蒸馏水 10 mL，插入甘汞电极与玻璃电极。开启搅拌器，用0.1 mol/L NaOH 溶液滴定，每加 2 mL 记录 pH 读数，在接近化学计量点（加入 NaOH 液时引起溶液的 pH 变化逐渐增大）时，每次加入体积应逐渐减小，在化学计量点前后若干滴时每加入一滴(如 0.05 mL)，记录一次 pH 读数，每次加入体积以相等为好，这样在数据处理时较为方便。继续滴定至过了第二个化学计量点为止(pH 约为11.5)。

3. 数据处理

(1) 按 pH-V，ΔpH/ΔV-V 法作图以及按 Δ^2pH/ΔV^2-V 法计算，确定化学计量点，并计算 H_3PO_4的准确浓度。

(2) 由 pH-V 曲线找出第一个化学计量点的半中和点的 pH，以及第一个完全反应点到第二个完全反应点间的半中和点的 pH。计算出 H_3PO_4的 K_{a_1}和 K_{a_2}。

V/mL	pH	ΔpH	ΔV/mL	ΔpH/ΔV	$\overline{V}$/mL	Δ(ΔpH/ΔV)	ΔV/mL	Δ^2pH/ΔV^2

五、注意事项

1. 安装仪器，滴定操作搅拌溶液时，要防止碰破玻璃电极。

2. 滴定剂加入后，要充分搅拌溶液，停止时再测定 pH，以求得到稳定的读数。

3. 滴定过程中尽量少用蒸馏水冲洗，防止溶液过度稀释突跃不明显。

4. 用玻璃电极测定碱溶液时，速度要快，测完后要将电极置于水中复原。

六、思考题

1. 通过实验与数据处理，你如何体会完全反应点前后若干滴时，加入的体积以相等为好？

2．如何根据滴定弱碱的资料求它的 K_b？

3．磷酸的第三级离解常数可以从滴定曲线上求得吗？

实验二十　磺胺嘧啶的重氮化滴定(永停滴定法)

一、实验目的

1. 掌握重氮化反应的基本原理。

2. 掌握永停滴定法的原理及操作。

二、实验原理

磺胺嘧啶是含有芳香伯氨基的药物,它在酸性溶液中能够定量地与 $NaNO_2$反应,生成重氮盐,通过选择适当的终点指示方法,根据终点消耗 $NaNO_2$标准溶液的体积,即可计算出被测物质的含量。磺胺嘧啶重氮化反应如下:

$$C_6H_5-NHSO_2-C_6H_4-NH_2 + NaNO_2 + 2HCl = [C_6H_5-NHSO_2-C_6H_4-N{\equiv}N]^+Cl^- + NaCl + 2H_2O$$

永停滴定法又称死停滴定法(Dead-StopTitration)、死停终点法等。该法是把两个相同的铂电极插入滴定液中,在两个电极间外加一小电压(10~200 mV),观察滴定过程中通过两个电极间的电流的变化,根据电流变化的情况,确定滴定终点。

在滴定磺胺嘧啶未到达化学计量点时,溶液中不存在可逆电对,电极上无反应发生,所以溶液中无电流通过,电流计指针不动或偏转后又立即回复到原点附近。当到达化学计量点后,过量滴入 1 滴 $NaNO_2$溶液,HNO_2及其分解产物 NO 立刻在电极上发生下列氧化还原反应:

阴极:$HNO_2 + H^+ + e \rightarrow NO + H_2O$

阳极:$NO + H_2O \rightarrow HNO_2 + H^+ + e$

溶液中有电流通过,电流计指针突然偏转,且在1分钟之内不回原点,此时为滴定终点。永停滴定的仪器装置如图实验20-1所示。

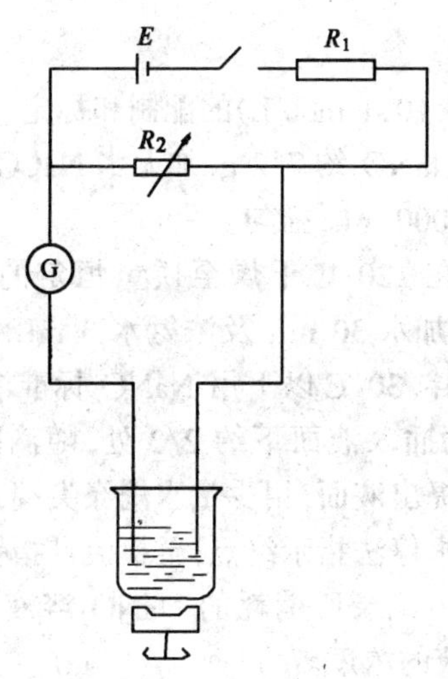

图实验20-1 永停滴定示意图

三、试剂与仪器

1. 磺胺嘧啶:原料药。
2. 对氨基苯磺酸固体:G.R。
3. Na_2CO_3固体:A.R。
4. KBr固体:A.R。
5. HCl溶液:4 mol/L。
6. 亚硝酸钠标准溶液:0.1 mol/L。
7. 浓氨水:A.R。
8. 淀粉-KI试纸。

9. 永停滴定仪。

10. 一对铂电极。

11. 电磁搅拌器。

12. 酸式滴定管(50 mL)。

四、实验步骤

1. $NaNO_2$溶液(0.1 mol/L)的配制和标定

(1) 配制:取 $NaNO_2$约 7.2 g,加无水 $NaCO_3$ 0.1 g,加蒸馏水适量使其溶解成1 000 mL,摇匀。

(2) 标定:取在 120 ℃干燥至质量恒定的对氨基苯磺酸约 0.38 g,精密称定,加水 30 mL 及浓氨水 3 mL,溶解后加4 mol/L 的盐酸 20 mL,搅拌,30 ℃以下用 $NaNO_2$标准溶液迅速滴定。滴定时将滴定管尖端插入液面下约 2/3 处,随滴随搅拌,至近终点时,将滴定管尖端提出液面,用少量水洗涤尖端,洗液并入溶液中,继续缓缓滴定,用永停法指示终点,至检流计指针持续偏转 1 分钟不复原,即为终点。记录所消耗的 $NaNO_2$溶液的体积,按下式计算 $NaNO_2$标准溶液的浓度。

$$c(NaNO_2)=\frac{m(C_6H_4NH_2SO_3H)\times 1\,000}{V(NaNO)_2\times M(C_6H_4NH_2SO_3H)}$$

$$M(C_6H_4NH_2SO_3H)=173.2\ g/mol$$

2. 试样测定

精密称取磺胺嘧啶试样 0.5 g,加 4 mol/L HCl 10 mL 使其溶解,再加蒸馏水 50 mL 及 KBr 1 g,将滴定管的尖端插入液面下约 2/3 处,用亚硝酸钠标准溶液迅速滴定,同时搅拌,滴定至终点前 1~2 mL,将滴定管的尖端提出液面,用少量水冲洗尖端,洗液并入溶液中,继续缓缓滴定,滴定至永停滴定仪指针突跃,继续搅拌 1 分钟,若指针不回转即为终点。在终点附近用细玻璃棒蘸取溶液少许,点在淀粉-KI 试纸上试之,比较两种方法确定终点的情况。记录消耗标准溶液的体积,按下式计算磺胺嘧啶的含量。

$$w = \frac{c(NaNO_2) \times V(NaNO_2) \times M(C_{10}H_{10}O_2N_4S)}{m \times 1\,000}$$

$$M(C_{10}H_{10}O_2N_4S) = 250.3\ g/mol$$

五、注意事项

1. 电极活化：电极经数次测量后将可能钝化（电极反应不灵敏），需要进行活化。方法是用加入少量 $FeCl_3$ 的浓 HNO_3 溶液浸泡 30 分钟以上。

2. 滴定时电磁搅拌的速度不宜过快，以不产生空气旋涡为好。

3. 永停法的终点现象是：

(1) 滴定刚开始或距终点较远时，电流计的指针不偏转或有偏转但立即又回复到原点或原点附近。

(2) 当滴定近化学计量点时，每滴 1 滴 $NaNO_2$ 标准液，指针有较大的偏转，并且回复到原点的速度减慢，但在 1 分钟内仍能回复到原点或原点附近。

(3) 当已到达滴定终点时，指针偏转较大，并且在 1 分钟内指针不能回到原点附近。

4. 由于对氨基苯磺酸难溶于水，必须用氨水溶解完全后再加盐酸进行酸化。

5. 电极的外加电压一般为 30～100 mV。一经调好，实验过程中不可再变动。

六、思考题

1. 加 KBr 的目的是什么？

2. 如加过高的外加电压会出现什么现象？

实验二十一　分光光度法
测定铁的条件实验

一、实验目的

1. 掌握 721 型(或 722 型)分光光度计构造及使用方法。

2. 熟悉如何选择分光光度分析的测定条件。

3. 了解邻二氮菲测定铁的基本原理及方法。

二、实验原理

在可见光区的光度测定,若被测组分本身有色,则可直接测定吸光度。若被测组分本身无色或色很浅,则可利用显色剂与其反应,使生成有色化合物,然后进行吸光度的测量。

大多数显色反应是配位反应。对显色反应的要求是:

(1) 灵敏度足够高,一般选择有色产物的摩尔吸光系数大的显色反应,以适应微量组分的测定;

(2) 选择性好,干扰少或容易消除;

(3) 生成的有色化合物组成恒定,化学性质稳定,与显色剂有较大的颜色差别。

在利用显色反应建立一个新的分光光度法时,为了获得较高的灵敏度和准确度,应考虑下列因素:

(1) 研究被测离子、显色剂和有色化合物的吸收光谱,选择合适的测量波长;

(2) 溶液 pH 对吸光度的影响;

(3) 显色剂用量、显色时间、颜色的稳定性及温度对吸光度的影响;

(4) 被测离子符合比尔定律的浓度范围；

(5) 干扰离子的影响及其排除方法；

(6) 参比溶液的选择。

此外，对方法的精密度和准确度，也需进行试验。

铁的显色试剂很多，如硫氰酸铵、巯基乙酸、磺基水杨酸钠等。邻二氮菲是测定微量铁的一种较好的试剂，它与二价铁离子反应，生成稳定的橙红色配合物($\lg K_{稳} = 21.3$)，最大吸收波长 $\lambda_{max} = 510$ nm。

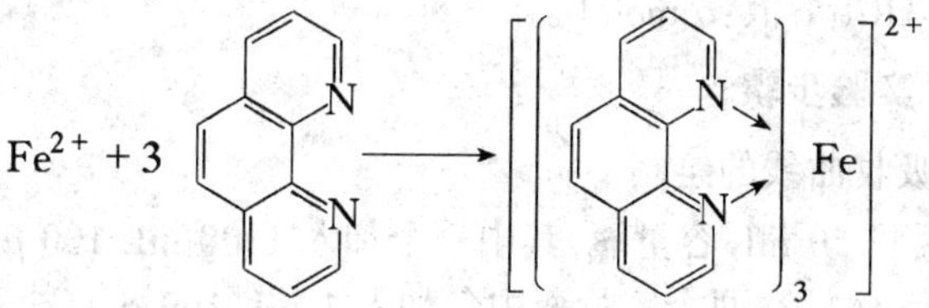

$Fe^{2+} + 3$ N N $\longrightarrow$ $[($ N N $)_3$ Fe $]^{2+}$

此反应很灵敏，摩尔吸光系数 $\varepsilon = 1.1 \times 10^4$。在 pH 2～9 之间，颜色深度与酸度无关，颜色很稳定，在有还原剂存在的条件下，颜色深度可以保持几个月不变。本方法的选择性很高，相当于铁含量 40 倍的 Sn^{2+}，Al^{3+}，Ca^{2+}，Mg^{2+}，Zn^{2+} 和 SiO_3^{2-}；20 倍的 Cr^{3+}，Mn^{2+}，VO_3^-，PO_4^{3-}；5 倍的 Co^{2+} 等均不干扰测定，所以此法应用很广。

三、仪器与试剂

1．仪器

(1) 721 型(或 722 型)分光光度计 1 台(附 1 cm 比色皿 4 只)。

(2) 容量瓶：50 mL 20 只。

(3) 吸量管：1 mL 3 支，2 mL 2 支，5 mL 2 支。

2．试剂

(1) 标准铁溶液：100 μg/mL，准确称取 0.863 4 g A.R 级的

$NH_4Fe(SO_4)_2 \cdot 12H_2O$ 置于烧杯中，加入 20 mL 6 mol/L HCl 溶液和少量水，溶解后，转移至 1 L 容量瓶中，以水稀释至刻度，摇匀。

(2) 盐酸羟胺：100 g/L 水溶液（临用时配制），100 g 盐酸羟胺溶于水，稀释至 1 L。

(3) 邻二氮菲溶液：1.5 g/L（临用时配制），1.5 g 邻二氮菲溶于水，稀释至 1 L。

(4) NaAc 溶液：1 mol/L。

(5) NaOH 溶液：1 mol/L。

(6) HCl 溶液：6 mol/L。

四、实验步骤

1. 吸收曲线的绘制

取两只 50 mL 容量瓶，其中一个加入 1.00 mL 100 μg/mL 标准铁溶液，然后在两个容量瓶中各加入 1 mL 100 g/L 盐酸羟胺溶液，摇匀，再各加入 2 mL 1.5 g/L 邻二氮菲溶液、5 mL 1 mol/L 醋酸钠溶液，用水稀释至刻度，摇匀。在分光光度计上，用 1 cm 比色皿，采用试剂空白为参比溶液，在 440～560 nm 间，每隔 10 nm 测定一次吸光度。以波长为横坐标、吸光度为纵坐标，绘制吸收曲线，从而选择测量铁的适宜波长。

2. 显色剂浓度的影响

取 8 只 50 mL 容量瓶，各加入 1.00 mL 100 μg /mL 标准铁溶液和 1 mL 100 g/L 盐酸羟胺溶液，摇匀，分别加入 0.00 mL，0.30 mL，0.50 mL，0.80 mL，1.00 mL，2.00 mL，4.00 mL 1.5 g/L邻二氮菲溶液，然后加入 5 mL 1 mol/L 醋酸钠，以水稀释至刻度，摇匀。用 1 cm 比色皿，选择适宜的波长，以试样空白为参比溶液，测定显色剂各浓度的吸光度。以显色剂邻二氮菲的体积(mL)为横坐标、相应的吸光度为纵坐标，绘制吸光度-显色剂用量曲线。从而确定在测定过程中应加入的显色剂体积(mL)。

3. 有色溶液的稳定性

取两只 50 mL 容量瓶，其中一只加入 1.00 mL 100 μg /mL 标准铁溶液，然后在两只容量瓶中各加入 1 mL 100 g/L 盐酸羟胺溶液、2 mL 1.5 g/L 邻二氮菲溶液、5 mL 1 mol/L NaAc 溶液，用水稀释至刻度，摇匀，立即在所选择的波长下，用 1 cm 比色皿，以相应的试剂空白为参比溶液，测吸光度。然后放置 5 分钟、10 分钟、30 分钟、1 小时、2 小时、3 小时，并分别测定相应的吸光度。以时间为横坐标、吸光度为纵坐标，绘出吸光度的时间曲线，从曲线上观察此配合物稳定性的情况。

4. 溶液酸度的影响

在 9 只 50 mL 容量瓶中，分别加入 1.00 mL 100 μg /mL 标准铁溶液、1 mL 100 g/L 盐酸羟胺溶液、2 mL 1.5 g/L 邻二氮菲溶液，再分别加入 0 mL，0.2 mL，0.5 mL，0.8 mL，1.0 mL，2.0 mL，2.5 mL，3.0 mL，4.0 mL 1 mol/L NaOH 溶液，摇匀。用水稀释至刻度，摇匀。然后在所选择的波长下，用 1 cm 比色皿，将 1 mol/L NaOH 溶液稀释 10 倍作为参比溶液，测定各溶液的吸光度。用精密 pH 试纸测定各溶液的 pH。以 NaOH 溶液的体积为横坐标、吸光度为纵坐标，绘出吸光度-NaOH 体积曲线，从曲线找出进行测定的适宜 pH 区间。

五、思考题

1. 分光光度计主要由哪些部件构成？使用时要注意什么？

2. 用邻二氮菲法测定铁时，为什么在测定前需加入还原剂盐酸羟胺？

3. 邻二氮菲法测定铁时，为什么要事先进行各种条件试验？

4. 利用邻组同学的实验结果，比较同一溶液在不同仪器上测得的吸收曲线的形状、吸收峰波长，以及相同浓度的吸光度等有无不同？试作解释。

5. 根据邻二氮菲铁配离子的吸收光谱，其 λ_{max} 为 510 nm。本次实验中用 721 型（或 722 型）分光光度计测得的最大吸收波长是多少？若有差别，试作解释。

实验二十二　水样中微量铁的含量测定

一、实验目的

1. 掌握标准曲线绘制的方法，并通过标准曲线测出水样中 Fe^{3+} 的含量。

2. 进一步熟悉分光光度计的使用方法。

二、实验原理

分光光度法中，当入射光波长一定，溶液的温度一定，液层厚度一定时，根据 Beer 定律可得

$$A = K'c$$

即在一定条件下，吸光度与溶液的浓度成正比。在标准曲线中，A 与 c 应成线性关系。

在一定波长单色光照射下，采用相同厚度的比色皿，分别测出一系列不同浓度标准溶液的吸光度。以标准溶液的浓度为横坐标、相应的吸光度为纵坐标，在坐标纸上描点作图，可制得标准曲线。按同样条件测未知溶液的吸光度，即可由标准曲线求得被测溶液的浓度。

三、仪器与试剂

1. 仪器

(1) 721 型（或 722 型）分光光度计 1 台（附 1 cm 比色皿 4 只）。

(2) 容量瓶：50 mL 9 只。

(3) 吸量管：1 mL 2 支，2 mL 1 支，5 mL 2 支。

2. 试剂

(1) 标准铁溶液:100 μg/mL,配制方法见实验二十一。

(2) 盐酸羟胺:配制方法见实验二十一。

(3) 邻二氮菲溶液:配制方法见实验二十一。

(4) 醋酸钠溶液:1 mol/L。

(5) HCl 溶液:6 mol/L。

3. 铁试液

四、实验步骤

1. 标准曲线的制作

在 6 只 50 mL 容量瓶中,用吸量管分别加入 0.00 mL,0.20 mL,0.40 mL,0.60 mL,0.80 mL,1.00 mL 100 μg/mL 的标准溶液,再分别加入 1 mL 100 g/L 盐酸羟胺溶液、2 mL 1.5 g/L 邻二氮菲溶液和5 mL 1 mol/L醋酸钠溶液,用水稀释至刻度,摇匀。在所选择的波长下,用 1 cm 比色皿,以试剂空白为参比溶液,测定各溶液的吸光度,以吸光度为纵坐标、铁含量为横坐标,绘制标准曲线。

2. 试样溶液的测定

取 3 只 50 mL 容量瓶,分别加入 5.00 mL 试样溶液,按步骤 1 的方法配制溶液并测量吸光度,从标准曲线上求得未知试样的浓度。

五、思考题

1. 根据制备标准曲线测得的数据判断本次实验所得浓度与吸光度间的线性关系好不好?分析其原因。如果试样溶液的吸光度不在标准曲线范围内,怎么办?

2. 设计一个标准对比法测铁的实验步骤。

实验二十三　实验方案设计——鸡蛋壳中碳酸钙含量的测定

一、实验目的

1. 培养学生分析和解决实际问题的能力。

2. 了解实际试样的预处理方法。

3. 能根据实际试样的情况，选择合适的分析方法、相应的试剂以及配制适当浓度的溶液。

4. 会估算应称基准试剂的量和试样的量等。

5. 测出鸡蛋壳中碳酸钙的含量。

二、实验要求

鸡蛋壳的主要成分为 $CaCO_3$，还有少量的 $MgCO_3$ 等，测出的是二者的总和，以 $CaCO_3$ 含量表示。$CaCO_3$ 不溶于水，须用盐酸溶解。

1. 对试样进行预处理和预实验。预处理包括蛋壳去掉内膜、干燥、粉碎、过筛、混匀等。然后进行预实验，根据预实验的结果，估算试样中 $CaCO_3$ 的大概含量。

2. 设计用酸碱滴定和配位滴定两种方法测定蛋壳中 $CaCO_3$ 含量的详细方案，包括实验目的、实验原理、仪器与试剂和实验步骤。

3. 根据试样中 $CaCO_3$ 的大概含量，选择并配制适当浓度的溶液。应该考虑到分析天平的称量误差和滴定管的读数误差。即用“万分之一”天平称量时，称样量不得小于 0.2 g；一次滴定消耗标准溶液的体积不小于 20 mL，不大于滴定管的最大容积。

4. 一般试剂由学生自己配制,指示剂、缓冲溶液等由实验室人员配制。

5. 设计完成后,选择其中一种方法,测定鸡蛋壳中 $CaCO_3$ 的含量。

三、试剂

可供选择的试剂如下:

1. 酸碱滴定

(1) 浓盐酸:A.R。

(2) NaOH 固体:A.R。

(3) Na_2CO_3:基准试剂,260 ℃～300 ℃干燥至质量恒定。

(4) 邻苯二甲酸氢钾:基准试剂,在 110 ℃～120 ℃烘 1 小时,保存于干燥器中。

(5) 甲基橙指示剂:2 g/L。

(6) 酚酞指示剂:2 g/L。

2. 配位滴定

(1) EDTA 二钠盐固体:A.R。

(2) $CaCO_3$:基准试剂,于 120 ℃烘干 2 小时。

(3) ZnO:基准试剂,于 800 ℃灼烧至质量恒定。

(4) HCl 溶液:6 mol/L。

(5) NH_3 溶液:6 mol/L。

(6) NH_3—NH_4Cl 缓冲溶液(pH = 10):20 g NH_4Cl 溶于水,加 100 mL 浓氨水,加水稀释至 1 L。

(7) 铬黑 T 指示剂:5 g/L,0.5 g 铬黑 T 加 25 mL 三乙醇胺、75 mL 无水乙醇溶解。

(8) 二甲酚橙:2 g/L 水溶液。

(9) 六次甲基四胺:200 g/L 水溶液。

实验二十四　Hg^{2+}，Cd^{2+}，Bi^{3+}，Cu^{2+} 离子的纸色谱分离

一、实验目的

1. 熟悉纸色谱分离的基本原理。

2. 掌握纸色谱分离的操作技术。

二、实验原理

纸色谱法是在滤纸上进行的色谱法，按其分离原理属分配色谱法。滤纸通常含有20%～25%的水分，这些水可认为是固定相。有机溶剂是流动相，又称展开剂。由于滤纸的毛细管现象，流动相沿滤纸上升经过样品点，样品点上的各组分在两相中反复分配，因各组分分配系数不同，从而达到分离的目的。各组分的比移值为

$$R_F = \frac{\text{原点至斑点中心的距离 } a}{\text{原点至熔剂前沿的距离 } b}$$

本实验中 Hg^{2+} 移动最快，其次是 Cd^{2+} 和 Bi^{3+}，而 Cu^{2+} 的移动最慢。

三、仪器与试剂

1. 层析筒

2. 毛细管。

3. 喷雾器。

4. 硫化氢气体发生器。

5. 滤纸：新华中速层析纸，裁成25 cm×2.5 cm的条状，先在展开剂饱和的空气中放置24小时以上(取少量展开剂于小烧杯中放入于一干燥器内，把层析纸放在干燥器中，盖严放置即可)。

6. 展开剂:2 mol/L HCl 饱和的正丁醇液(在分液漏斗中加入等体积的正丁醇和 2 mol/L HCl,振摇均匀,再放置分层,上层即为所用展开剂)。

7. Hg^{2+},Cd^{2+},Bi^{3+},Cu^{2+}混合溶液,质量浓度分别为5.0 g/L。

四、实验步骤

1. 点样

取已裁好的滤纸 1 张,在其一端约 2 cm 处用铅笔标上“×”的记号,再在离它 15 cm 处画一横线,为预定溶剂前沿位置。取阳离子混合溶液,用毛细管加到滤纸原点画“×”号的位置,斑点直径应控制在 0.5 cm 左右,在空气中风干后,挂在橡皮塞下面的铁丝钩上。

2. 展开

在干燥的层析筒中加入 10 mL 展开剂,放入滤纸条,塞紧橡皮塞,使滤纸下端的空白部分浸入展开剂约 0.5 cm。当溶剂前沿到达预定标记的 15 cm 处(约需 2 小时),展开结束。

3. 显色

取出滤纸条,在空气中风干后,用喷雾器把蒸馏水吹到滤纸上,使滤纸稍稍润湿,再放到硫化氢气体发生器的出口处熏一下,在滤纸上立即呈现 4 种硫化物的斑点,从上到下依次为汞、镉、铋和铜的硫化物。

4. 测量比移值 R_F

用铅笔将各斑点的范围标出,找出各斑点的中心点,用直尺量出原点到各斑点中心的距离 a,再量出原点到溶剂前沿的距离 b,则

$$R_F = \frac{a}{b}$$

Hg^{2+},Cd^{2+},Bi^{3+},Cu^{2+}的 R_F值应分别为 0.84,0.67,0.63,0.11 (参考值)。

五、思考题

1. 在分离无机物时为什么常采用含有无机酸的展开剂?

2. 影响 R_F 值的因素有哪些?

附　录

附录一　常用指示剂

(一) 酸碱指示剂(18 ℃～25 ℃)

指示剂名称	pH变色区间	颜色变化	溶液配制方法
甲基紫 (第一变色区间)	0.13～0.5	黄～绿	1 g/L 或 0.5 g/L 的水溶液
甲酚红 (第一变色区间)	0.2～1.8	红～黄	0.04 g 指示剂溶于 100 mL 50%乙醇
甲基紫 (第二变色区间)	1.0～1.5	绿～蓝	1 g/L 水溶液
百里酚蓝(麝香草酚蓝) (第一变色区间)	1.2～2.8	红～黄	0.1 g 指示剂溶于 100 mL 20%乙醇
甲基紫 (第三变色区间)	2.0～3.0	蓝～紫	1 g/L 水溶液
甲基橙	3.1～4.4	红～黄	1 g/L 水溶液
溴酚蓝	3.0～4.6	黄～蓝	0.1 g 指示剂溶于 100 mL 20%乙醇
刚果红	3.0～5.2	蓝紫～红	1 g/L 水溶液
溴甲酚绿	3.8～5.4	黄～蓝	0.1 g 指示剂溶于 100 mL 20%乙醇
甲基红	4.4～6.2	红～黄	0.1 或 0.2 g 指示剂溶于100 mL 60%乙醇
溴酚红	5.0～6.8	黄～红	0.1 或 0.04 g 指示剂溶于100 mL 20%乙醇
溴百里酚蓝	6.0～7.6	黄～蓝	0.05 g 指示剂溶于 100 mL 20%乙醇

续表

指示剂名称	pH变色区间	颜色变化	溶液配制方法
中性红	6.8～8.0	红～亮黄	0.1 g 指示剂溶于100 mL 60%乙醇
酚红	6.8～8.0	黄～红	0.1 g 指示剂溶于100 mL 20%乙醇
甲酚红	7.2～8.8	亮黄～紫红	0.1 g 指示剂溶于100 mL 50%乙醇
百里酚蓝(麝香草酚蓝)(第二变色区间)	8.0～9.6	黄～蓝	参看第一变色区间
酚酞	8.2～10.0	无色～紫红	0.1 g 指示剂溶于100 mL 60%乙醇
百分酚酞	9.3～10.5	无色～蓝	0.1 g 指示剂溶于100 mL 90%乙醇

(二) 酸碱混合指示剂

指示剂溶液的组成	变色点pH	颜色		备注
		酸色	碱色	
三份1 g/L溴甲酚绿酒精溶液 一份2 g/L甲基红酒精溶液	5.1	酒红	绿	
一份2 g/L甲基红酒精溶液 一份1 g/L次甲基蓝酒精溶液	5.4	红紫	绿	pH=5.2 红紫 pH=5.4 暗蓝 pH=5.6 绿
一份1 g/L溴甲酚绿钠盐水溶液 一份1 g/L氯酚红钠盐水溶液	6.1	黄绿	蓝紫	pH=5.4 蓝绿 pH=5.8 蓝 pH=6.2 蓝紫
一份1 g/L中性红酒精溶液 一份1 g/L次甲基蓝酒精溶液	7.0	蓝紫	绿	pH=7.0 蓝紫
一份1 g/L溴百里酚蓝钠盐水溶液 一份1 g/L酚红钠盐水溶液	7.5	黄	绿	pH=7.2 暗绿 pH=7.4 淡紫 pH=7.6 深紫
一份1 g/L甲酚红钠盐水溶液 三份1 g/L百里酚蓝钠盐水溶液	8.3	黄	紫	pH=8.2 玫瑰色 pH=8.4 紫色

(三) 非水滴定指示剂

指示剂名称	颜色变化		溶液配制方法
	碱区	酸区	
结晶紫	紫	蓝、绿、黄	0.5 g 指示剂溶于 100 mL 冰醋酸中
α-萘酚苯甲醇	黄	绿	0.5 g 指示剂溶于 100 mL 冰醋酸中
喹哪啶红	红	无	0.1 g 指示剂溶于 100 mL 无水甲醇中
橙黄Ⅳ	橙黄	红	0.5 g 指示剂溶于 100 mL 冰醋酸中
中性红	粉红	蓝	0.1 g 指示剂溶于 100 mL 冰醋酸中
二甲基黄	黄	肉红	0.1 g 指示剂溶于 100 mL 氯仿中
甲基橙	黄	红	0.1 g 指示剂溶于 100 mL 无水甲醇中
偶氮紫	红	蓝	0.1 g 指示剂溶于 100 mL 二甲基甲酰胺中
百里酚蓝	黄	蓝	0.3 g 指示剂溶于 100 mL 无水甲醇中
二甲基黄-溶剂蓝 19	绿	紫	两种指示剂各 15m g,溶于 100 mL 氯仿中
甲基橙-二甲苯蓝 FF	绿	蓝灰	两种指示剂各 0.1 g,溶于 100 mL 乙醇中

(四) 金属指示剂

指示剂名称	离解平衡和颜色变化	溶液配制方法
铬黑 T (EBT)	$pK_{a_2}=6.3$ $pK_{a_3}=11.55$ $H_2In^{-} \rightleftharpoons HIn^{2-} \rightleftharpoons In^{3-}$ 紫红 蓝 橙	5 g/L 水溶液
二甲酚橙 (XO)	$H_3In^{4-} \xrightleftharpoons{pK_a=6.3} H_2In^{5-}$ 黄 红	2 g/L 水溶液

续表

指示剂名称	离解平衡和颜色变化	溶液配制方法
K-B 指示剂	$H_2In \xrightleftharpoons{pK_{a_1}=8} HIn^- \xrightleftharpoons{pK_{a_2}=13} In^{2-}$ 红　　蓝　　紫红 (酸性铬蓝 K)	0.2 g 酸性铬蓝 K 与 0.4 g 萘酚绿 B 溶于 100 mL 水中
钙指示剂	$H_2In^- \xrightleftharpoons{pK_{a_2}=7.4} HIn^{2-} \xrightleftharpoons{pK_{a_3}=13.5} In^{3-}$ 酒红　　蓝　　酒红	5 g/L 的乙醇溶液
吡啶偶氮萘酚 (PAN)	$H_2In^+ \xrightleftharpoons{pK_{a_1}=1.9} HIn \xrightleftharpoons{pK_{a_2}=12.2} In^-$ 黄绿　　黄　　淡红	1 g/L 的乙醇溶液
Cu-PAN (CuY-PAN 溶液)	CuY + PAN + M ══ MY + Cu-PAN 浅绿　　无色　红	将 0.05 mol/L Cu^{2+} 液 10 mL,加 pH 5～6 的 HAc 缓冲液 5mL,1 滴 PAN 指示剂,加热至 60 ℃ 左右,用 EDTA 滴至绿色,得到约 0.025 mol/L 的 CuY 溶液。使用时取 2～3 mL 于试液中,再加数滴 PAN 溶液
磺基水杨酸	$H_2In \xrightleftharpoons{pK_{a_1}=2.7} HIn^- \xrightleftharpoons{pK_{a_2}=13.1} In^{2-}$ 无色	10 g/L 的水溶液
钙镁试剂 (Calmagite)	$H_2In^- \xrightleftharpoons{pK_{a_2}=8.1} HIn^{2-} \xrightleftharpoons{pK_{a_3}=12.4} In^{3-}$ 红　　蓝　　红橙	5 g/L 水溶液

(五) 氧化还原指示剂

指示剂名称	φ'/V $[H^+]=1\ mol/L$	颜色变化		溶液配制方法
		氧化态	还原态	
二苯胺	0.76	紫	无色	10 g/L 的浓 H_2SO_4 溶液
二苯胺磺酸钠	0.85	紫红	无色	5 g/L 的水溶液
N-邻苯氨基苯甲酸	1.08	紫红	无色	0.1 g 指示剂加 20 mL 50 g/L 的 Na_2CO_3 溶液，用水稀至 100 mL
邻二氮菲-Fe(Ⅱ)	1.06	浅蓝	红	1.485 g 邻二氮菲加 0.965 g $FeSO_4$，溶解，稀至 100 mL(0.025 mol/L 水溶液)
5-硝基邻二氮菲-Fe(Ⅱ)	1.25	浅蓝	紫红	1.608 g 5-硝基邻二氮菲加 0.695 g $FeSO_4$，溶解，稀至 100 mL (0.025 mol/L水溶液)

(六) 吸附指示剂

名　称	配　制	用于测定		
		可测元素 (括号内为滴定剂)	颜色变化	测定条件
荧光黄	1% 钠盐水溶液	Cl^-，Br^-，I^-，SCN^- (Ag^+)	黄绿～粉红	中性或弱碱性
二氯荧光黄	1% 钠盐水溶液	Cl^-，Br^-，I^- (Ag^+)	黄绿～粉红	pH 为 4.4～7.2
四溴荧光黄(曙红)	1% 钠盐水溶液	Br^-，I^- (Ag^+)	橙红～红紫	pH 为 1～2

附录二　常用缓冲溶液的配制

缓冲溶液组成	pK_a	缓冲液pH	缓冲溶液配制方法
氨基乙酸—HCl	2.35 (pK_{a_1})	2.3	取氨基乙酸 150 g 溶于 500 mL 水中后，加浓 HCl 溶液 80 mL，水稀至1 L
H_3PO_4—柠檬酸盐		2.5	取 $Na_2HPO_4 \cdot 12H_2O$ 113 g 溶于 200 mL水后，加柠檬酸 387 g，溶解，过滤后，稀至 1 L
一氯乙酸—NaOH	2.86	2.8	取 200 g 一氯乙酸溶于 200 mL 水中，加 NaOH 40 g，溶解后，稀至 1 L
邻苯二甲酸氢钾—HCl	2.95 (pK_{a_1})	2.9	取 500 g 邻苯二甲酸氢钾溶于 500 mL水中，加浓 HCl 溶液 80 mL，稀至1 L
甲酸—NaOH	3.76	3.7	取 95 g 甲酸和 NaOH 40 g 于500 mL 水中，溶解，稀至 1 L
NaAc—HAc	4.74	4.7	取无水 NaAc 83 g 溶于水中，加冰醋酸 60 mL，稀至 1 L
六亚甲基四胺—HCl	5.15	5.4	取六亚甲基四胺 40 g 溶于 200 mL 水中，加浓 HCl 10 mL，稀至 1 L
Tris—HCl [三羟甲基氨基甲烷 $CNH_2(HOCH_3)_3$]	8.21	8.2	取 25 g Tris 试剂溶于水中，加浓 HCl 溶液 8 mL，稀至 1 L
NH_3—NH_4Cl	9.26	9.2	取 NH_4Cl 54 g 溶于水中，加浓氨水 63 mL，稀至 1 L

注：(1) 缓冲液配制后可用 pH 试纸检查。如 pH 不对，可用共轭酸或碱调节。pH 值欲调节精确时，可用 pH 计调节。

(2) 需增加或减少缓冲液的缓冲容量时，可相应增加或减少共轭酸、碱对物质的量，再调节之。

附录三　常用基准试剂及其干燥条件与应用

基准试剂		干燥后组成	干燥条件 t/ ℃	标定对象
名　称	分子式			
碳酸氢钠	$NaHCO_3$	Na_2CO_3	270～300	酸
碳酸钠	$Na_2CO_3 \cdot 10H_2O$	Na_2CO_3	270～300	酸
硼　砂	$Na_2B_4O_7 \cdot 10H_2O$	$Na_2B_4O_7 \cdot 10H_2O$	放在含 NaCl 和蔗糖饱和液的干燥器中	酸
碳酸氢钾	$KHCO_3$	K_2CO_3	270～300	酸
草　酸	$H_2C_2O_4 \cdot 2H_2O$	$H_2C_2O_4 \cdot 2H_2O$	室温空气干燥	碱或 $KMnO_4$
邻苯二甲酸氢钾	$KHC_8H_4O_4$	$KHC_8H_4O_4$	110～120	碱
重铬酸钾	$K_2Cr_2O_7$	$K_2Cr_2O_7$	140～150	还原剂
溴酸钾	$KBrO_3$	$KBrO_3$	130	还原剂
碘酸钾	KIO_3	KIO_3	130	还原剂
铜	Cu	Cu	室温干燥器中保存	还原剂
三氧化二砷	As_2O_3	As_2O_3	同上	氧化剂
草酸钠	$Na_2C_2O_4$	$Na_2C_2O_4$	130	氧化剂
碳酸钙	$CaCO_3$	$CaCO_3$	110	EDTA
锌	Zn	Zn	室温干燥器中保存	EDTA
氧化锌	ZnO	ZnO	900～1 000	EDTA
氯化钠	NaCl	NaCl	500～600	$AgNO_3$
氯化钾	KCl	KCl	500～600	$AgNO_3$
硝酸银	$AgNO_3$	$AgNO_3$	280～290	氯化物
氨基磺酸	$HOSO_2NH_2$	$HOSO_2NH_2$	在真空 H_2SO_4 干燥中保存 48 小时	碱
氟化钠	NaF	NaF	铂坩埚中 500 ℃～550 ℃下保存 40～50 分钟后，H_2SO_4 干燥器中冷却	

附录四　市售酸碱的密度和浓度

试剂名称	密度/(g/mL)	w/%	c/(mol/L)
盐　酸	1.18～1.19	36～38	11.6～12.4
硝　酸	1.39～1.40	65.0～68.0	14.4～15.2
硫　酸	1.83～1.84	95～98	17.8～18.4
磷　酸	1.69	85	14.6
高氯酸	1.68	70.0～72.0	11.7～12.0
冰醋酸	1.05	99.8(优级纯) 99.0(分析纯、化学纯)	17.4
氢氟酸	1.13	40	22.5
氢溴酸	1.49	47.0	8.6
氨　水	0.88～0.90	25.0～28.0	13.3～14.8

附录五　常用化合物的摩尔质量表

化学式	M/(g/mol)	化学式	M/(g/mol)
Ag_3AsO_4	462.52	$Al(NO_3)_3$	213.00
$AgBr$	187.77	$Al(NO_3)_3 \cdot 9H_2O$	375.13
$AgCl$	143.32	Al_2O_3	101.96
$AgCN$	133.89	$Al(OH)_3$	78.00
$AgSCN$	165.95	$Al_2(SO_4)_3$	342.14
Ag_2CrO_4	331.73	$Al_2(SO_4)_3 \cdot 18H_2O$	666.41
AgI	234.77	As_2S_3	197.84
$AgNO_3$	169.87	As_2O_5	229.84
$AlCl_3$	133.34	As_2S_3	246.02
$AlCl_3 \cdot 6H_2O$	241.43		

续表

化学式	$M/(g/mol)$	化学式	$M/(g/mol)$
$BaCO_3$	197.34	$Co(NO_3)_2$	132.94
BaC_2O_4	225.35	$Co(NO_3)_2 \cdot 6H_2O$	291.03
$BaCl_2$	208.24	CoS	90.99
$BaCl_2 \cdot 2H_2O$	244.27	$CoSO_4$	154.99
$BaCrO_4$	253.32	$CoSO_4 \cdot 7H_2O$	281.10
BaO	153.33	$Co(NH_2)_2$	60.06
$Ba(OH)_2$	171.34	$CrCl_3$	158.35
$BaSO_4$	233.39	$CrCl_3 \cdot 6H_2O$	266.45
$BiCl_3$	315.34	$Cr(NO_3)_3$	238.01
$BiOCl$	260.43	Cr_2O_3	151.99
		$CuCl$	98.999
CO_2	44.01	$CuCl_2$	134.45
CaO	56.08	$CuCl_2 \cdot 2H_2O$	170.48
$CaCO_3$	100.09	$CuSCN$	121.62
CaC_2O_4	128.10	CuI	190.45
$CaCl_2$	110.99	$Cu(NO_3)_2$	187.56
$CaCl_2 \cdot 6H_2O$	219.08	$Cu(NO_3)_2 \cdot 3H_2O$	241.60
$Ca(NO_3)_2 \cdot 4H_2O$	236.15	CuO	79.545
$Ca(OH)_2$	74.08	CH_3COOH	60.052
$Ca_3(PO_4)_2$	310.18	CH_3COONa	82.034
$CaSO_4$	136.14	$CH_3COONa \cdot 3H_2O$	136.08
$CdCO_3$	172.42	CH_3COONH_4	77.083
$CdCl_2$	183.32		
CdS	144.47	$FeCl_2$	126.75
$Ce(SO_4)_2$	332.24	$FeCl_2 \cdot 4H_2O$	198.81
$Ce(SO_4)_2 \cdot 4H_2O$	404.30	$FeCl_3$	162.21
$CoCl_2$	129.84	$FeCl_3 \cdot 6H_2O$	270.30
$CoCl_2 \cdot 6H_2O$	237.93	$FeNH_4(SO_4)_2 \cdot 12H_2O$	482.18

续表

化学式	M/(g/mol)	化学式	M/(g/mol)
$Fe(NO_3)_3$	241.86	H_3PO_4	97.995
$Fe(NO_3)_3\cdot 9H_2O$	404.00	H_2S	34.08
FeO	71.846	H_2SO_3	82.07
Fe_2O_3	159.69	H_2SO_4	98.07
Fe_3O_4	231.54	$Hg(CN)_2$	252.63
$Fe(OH)_3$	106.87	$HgCl_2$	271.50
FeS	87.91	Hg_2Cl_2	472.09
Fe_2S_3	207.87	HgI_2	454.40
$FeSO_4$	151.90	$Hg_2(NO_3)_2$	525.19
$FeSO_4\cdot 7H_2O$	278.01	$Hg_2(NO_3)_2\cdot 2H_2O$	561.22
$FeSO_4\cdot(NH_4)_2SO_4\cdot 6H_2O$	392.13	$Hg(NO_3)_2$	324.60
		HgO	216.59
H_3AsO_3	125.94	HgS	232.65
H_3AsO_4	141.94	$HgSO_4$	296.65
H_3BO_3	61.83	Hg_2SO_4	497.24
HBr	80.912		
HCN	27.026	$KAl(SO_4)_2\cdot 12H_2O$	474.38
H_2CO_3	62.025	KBr	119.00
$H_2C_2O_4$	90.035	$KBrO_3$	167.00
$H_2C_2O_4\cdot 2H_2O$	126.07	KCl	74.551
HCl	36.461	$KClO_3$	122.55
HF	20.006	$KClO_4$	138.55
HI	127.91	KCN	65.116
HIO_3	175.91	$KSCN$	97.18
HNO_3	63.013	K_2CO_3	138.21
HNO_2	47.013	K_2CrSO_4	194.19
H_2O	18.015	$K_2Cr_2O_7$	294.18
H_2O_2	34.015	$K_3Fe(CN)_6$	329.25

续表

化学式	$M/(g/mol)$	化学式	$M/(g/mol)$
$K_4Fe(CN)_6$	368.35	$MnCl_2 \cdot 4H_2O$	197.91
$KFe(SO_4)_2 \cdot 12H_2O$	503.24	$Mn(NO_3)_2 \cdot 6H_2O$	287.04
$KHC_2O_4 \quad H_2O$	146.14	MnO	70.937
$KHC_2O_4 \cdot H_2C_2O_4 \cdot 2H_2O$	254.19	MnO_2	86.937
$KHC_4H_4O_6$	188.18	MnS	87.00
$KHSO_4$	136.16	$MnSO_4$	151.00
KI	166.00	$MnSO_4 \cdot 4H_2O$	223.06
KIO_3	214.00		
$KIO_3 \cdot HIO_3$	389.91	NO	30.006
$KMnO_4$	158.03	NO_2	45.006
$KNaC_4H_4O_6 \cdot 4H_2O$	282.22	NH_3	17.03
KNO_3	101.10	NH_4Cl	53.491
KNO_2	85.104	$(NH_4)_2CO_3$	96.086
K_2O	94.196	$(NH_4)_2C_2O_4$	124.10
KOH	56.106	$(NH_4)_2C_2O_4 \cdot H_2O$	142.11
K_2SO_4	174.25	NH_4SCN	76.12
		NH_4HCO_3	79.055
$MgCO_3$	84.314	$(NH_4)_2MoO_4$	196.01
$MgCl_2$	95.211	NH_4NO_3	80.043
$MgCl_2 \cdot 6H_2O$	203.30	$(NH_4)_2HPO_4$	132.06
MgC_2O_4	112.33	$(NH_4)_2S$	68.14
$Mg(NO_3)_2 \cdot 6H_2O$	256.41	$(NH_4)_2SO_4$	132.13
$MgNH_4PO_4$	137.32	NH_4VO_3	116.98
MgO	40.304	Na_3AsO_3	191.89
$Mg(OH)_2$	58.32	$Na_2B_4O_7$	201.22
$Mg_2P_2O_7$	222.55	$Na_2B_4O_7 \cdot 10H_2O$	381.37
$MgSO_4 \cdot 7H_2O$	246.47	$NaBiO_3$	279.97
$MnCO_3$	114.95	$NaCN$	49.007

续表

化学式	M/(g/mol)	化学式	M/(g/mol)
$NaSCN$	81.07	$PbCO_3$	267.20
Na_2CO_3	105.99	PbC_2O_4	295.22
$Na_2CO_3 \cdot 10H_2O$	286.14	$PbCl_2$	278.10
$Na_2C_2O_4$	134.00	$PbCrO_4$	323.20
$NaCl$	58.443	$Pb(CH_3COO)_2$	325.30
$NaClO$	74.442	$Pb(CH_3COO)_2 \cdot 3H_2O$	379.30
$NaHCO_3$	84.007	PbI_2	461.00
$Na_2HPO_4 \cdot 12H_2O$	358.14	$Pb(NO_3)_2$	331.20
$Na_2H_2Y \cdot 2H_2O$	372.24	PbO	223.20
$NaNO_2$	68.995	PbO_2	239.20
$NaNO_3$	84.995	$Pb_3(PO_4)_2$	811.54
Na_2O	61.979	PbS	239.30
Na_2O_2	77.978	$PbSO_4$	303.30
$NaOH$	39.997		
Na_3PO_4	163.94	SO_3	80.06
Na_2S	78.94	SO_2	64.06
$Na_2S \cdot 9H_2O$	240.18	$SbCl_3$	228.11
Na_2SO_3	126.04	$SbCl_5$	299.02
Na_2SO_4	142.04	Sb_2O_3	281.50
$Na_2S_2O_3$	158.10	Sb_3S_3	339.68
$Na_2S_2O_3 \cdot 5H_2O$	248.17	SiF_4	104.08
$NiCl_2 \cdot 6H_2O$	237.69	SiO_2	60.084
NiO	74.69	$SnCl_2$	189.62
$Ni(NO_3)_2 \cdot 6H_2O$	290.79	$SnCl_2 \cdot 2H_2O$	225.65
NiS	90.75	$SnCl_4$	260.52
$NiSO_4 \cdot 7H_2O$	280.85	$SnCl_4 \cdot 5H_2O$	350.596
		SnO_2	150.71
P_2O_5	141.94	SnS	150.776

续表

化学式	$M/(g/mol)$	化学式	$M/(g/mol)$
$SrCO_3$	147.63	ZnC_2O_4	153.40
SrC_2O_4	175.64	$ZnCl_2$	136.28
$SrCrO_4$	203.61	$Zn(CH_3COO)_2$	183.47
$Sr(NO_3)_2$	211.64	$Zn(CH_3COO)_2\cdot 2H_2O$	219.50
$Sr(NO_3)_2\cdot 4H_2O$	283.69	$Zn(NO_3)_2$	189.39
$SrSO_4$	183.68	$Zn(NO_3)_2\cdot 6H_2O$	297.48
		ZnO	81.38
$UO_2(CH_3COO)_2\cdot 2H_2O$	424.15	ZnS	97.44
		$ZnSO_4$	161.44
$ZnCO_3$	125.39	$ZnSO_4\cdot 7H_2O$	287.54

附录六　相对原子质量表

（IUPAC 2001 年公布）

符号	名称	原子序数	相对原子质量	符号	名称	原子序数	相对原子质量
Ag	银	47	107.8682(2)	Bi	铋	83	208.98038(2)
Al	铝	13	26.981538(2)	Br	溴	35	79.904(1)
Ar	氩	18	39.948(1)	C	碳	6	12.0107(8)
As	砷	33	74.92160(2)	Ca	钙	20	40.078(4)
Au	金	79	196.96655(2)	Cd	镉	48	112.411(8)
B	硼	5	10.811(7)	Ce	铈	58	140.116(1)
Ba	钡	56	137.327(7)	Cl	氯	17	35.453(2)
Be	铍	4	9.012182(3)	Co	钴	27	58.933200(9)

续表

符号	名称	原子序数	相对原子质量	符号	名称	原子序数	相对原子质量
Cr	铬	24	51.9961(6)	La	镧	57	138.9055(2)
Cs	铯	55	132.90545(2)	Li	锂	3	[6.941(2)]
Cu	铜	29	63.546(3)	Lu	镥	71	174.967(1)
Dy	镝	66	162.500(1)	Mg	镁	12	24.3050(6)
Er	铒	68	167.259(3)	Mn	锰	25	54.938049(9)
Eu	铕	63	151.964(1)	Mo	钼	42	95.94(2)
F	氟	9	18.9984032(5)	N	氮	7	14.0067(2)
Fe	铁	26	55.845(2)	Na	钠	11	22.989770(2)
Ga	镓	31	69.723(1)	Nb	铌	41	92.90638(2)
Gd	钆	64	157.25(3)	Nd	钕	60	144.24(3)
Ge	锗	32	72.64(1)	Ne	氖	10	20.1797(6)
H	氢	1	1.00794(7)	Ni	镍	28	58.6934(2)
He	氦	2	4.002602(2)	O	氧	8	15.9994(3)
Hf	铪	72	178.49(2)	Os	锇	76	190.23(3)
Hg	汞	80	200.59(2)	P	磷	15	30.973761(2)
Ho	钬	67	164.93032(2)	Pa	镤	91	231.03588(2)
I	碘	53	126.90447(3)	Pb	铅	82	207.2(1)
In	铟	49	114.818(3)	Pd	钯	46	106.42(1)
Ir	铱	77	192.217(3)	Pr	镨	59	140.90765(2)
K	钾	19	39.0983(1)	Pt	铂	78	195.078(2)
Kr	氪	36	83.798(2)	Rb	铷	37	85.4678(3)

续表

符号	名称	原子序数	相对原子质量	符号	名称	原子序数	相对原子质量
Re	铼	75	186.207(1)	Te	碲	52	127.60(3)
Rh	铑	45	102.90550(2)	Th	钍	90	232.0381(1)
Ru	钌	44	101.07(2)	Ti	钛	22	47.867(1)
S	硫	16	32.065(5)	Tl	铊	81	204.3833(2)
Sb	锑	51	121.760(1)	Tm	铥	69	168.93421(2)
Sc	钪	21	44.955910(8)	U	铀	92	238.02891(3)
Se	硒	34	78.96(3)	V	钒	23	50.9415(1)
Si	硅	14	28.0855(3)	W	钨	74	183.84(1)
Sm	钐	62	150.36(3)	Xe	氙	54	131.293(6)
Sn	锡	50	118.710(7)	Y	钇	39	88.90585(2)
Sr	锶	38	87.62(1)	Yb	镱	70	173.04(3)
Ta	钽	73	180.9479(1)	Zn	锌	30	65.409(4)
Tb	铽	65	158.92534(2)	Zr	锆	40	91.224(2)

主要参考文献

1 孙毓庆主编.分析化学实验.第二版.北京:人民卫生出版社,2002

2 武汉大学主编.分析化学实验.第四版.北京:高等教育出版社,2001

3 北京大学化学系分析化学教研室.基础分析化学实验.第二版.北京:北京大学出版社,1998

4 化学分析基本操作规范编写组.化学分析基本操作规范.北京:高等教育出版社,1984

5 蓝琪田主编.分析化学实验与指导.北京:中国医药科技出版社,1993

6 刘珍主编.化验员读本.第三版.北京:化学工业出版社,1998

7 应武林,顾国耀主编.分析化学.第五版.青岛:中国海洋大学出版社,2003

8 张铁垣主编.分析化学中的量和单位.第二版.北京:中国标准出版社,2002

9 计量测试技术手册编辑委员会.计量测试技术手册.第十三卷化学.北京:中国计量出版社,1997

10 杨惠芬,李明元,沈文主编.食品卫生理化检验标准手册.北京:中国标准出版社,1997